台灣海岸溼地

觀察事典　趙世民・蘇焉／文字・攝影

晨星出版

作者序

　　台灣四面環海，海洋資源豐富。西部是沙質海域，潮間帶寬廣，退潮時，潮間帶寬度達數百公尺，又有許多河流出海口，河口及沙岸生物豐富，特別是海洋無脊椎動物。隨著工商業發達，人口增加，填土造陸，海岸的污染壓力愈來愈嚴重，海岸腹地也愈來愈少，許多海岸生物也隨之消失。在國內一片認識本土生物的風潮下，許多縣市也已經著手鄉土生物調查及圖鑑的製作，讓大家對本土生物及生態更加瞭解，並呼籲國人重視及保育本土生物。

　　許多海邊人民以海維生，他們與海有特殊的感情，也有特別的風土民情。長期以海維生，造就了他們特別的採集技能及謀生方式，這些技能是祖先對海洋生物敏銳的觀察，一代代經驗與智慧的累積及留傳，例如：刺竹蟶、挖西施舌、攏蝦猴等。但是這種技能卻鮮為人知，如果沒有適當文字將這些風土民情記錄下來，這些與科學有關的文化將會慢慢流失。

　　國內自然科學教育的一大問題是本土教材太少，市面上的自然科學教材大多取材自國外，讓人有一些陌生及疏離感。其實台灣有很多自然科學的教材，可以編寫成很好的自然科學讀物。筆者長期在台灣沿海從事海洋生物及生態研究，瞭解本土生物之豐富，所以在研究之餘，撰寫此類書籍。

　　本書的編寫方式較為特別，前半部是以較通俗的文字介紹台灣河口及沙岸的生物及生態特色，特別是西部海域，內容包括：河口及紅樹林生態，無脊椎動物（甲殼類、軟體動物、棘皮動物及其他沙岸常見大型的無脊椎動物）的生態及行為特色。後半部則介紹台灣西海岸潮間帶常見的大型的無脊椎動物，主要是做為老師及研究人員的參考及查閱用。

　　這本通俗書籍是我們一系列鄉土生物科學及圖鑑之一。我們的專長是海洋無脊椎動物生態，這部書以海洋無脊椎動物為主，其他生物為輔。河口生物種類繁多，這本書只記錄部份的台灣河口及沙岸的常見無脊椎動物，還有相當多的生物仍然缺少精彩的圖片。

　　沙岸生物類別繁多，我們兩個人不可能專精於所有的無脊椎動物，所以在本書中，生物鑑定方面均列出參考文獻及出處。這本書只是初步的工作，後續仍有許多相關工作有待完成。更期待大家共襄盛舉，早日將台灣海域的海洋生物圖鑑做得更完整。

目次

分卷2 河口生物圖鑑

分卷1
海岸溼地生態Q&A

Q1-1 台灣西海岸有何特色？

A：台灣西海岸的三大特色是：第一，主要是沙質海岸。第二，潮間帶寬廣，多河口。第三，生物棲地的多樣性較少，主要是沙地。退潮時，生物大多躲在泥沙下，或有硬殼保護。

台灣西部海域主要是沙岸，潮間帶寬廣，大退潮時，達數百公尺。退潮時，生物潛藏於沙地中，許多鳥類來此覓食，是休憩及科學教育的好地方。潮間帶更是大海和陸地的緩衝帶，保護陸地，免受海的直接侵襲（攝於大甲溪口南岸高美地區）。

◎台灣西海岸──又長又寬的潮間帶沙岸景觀

台灣境內多高山，雨季集中在春、夏季，河流短且沖刷力強，大多由東流向西部，河流將大量的泥沙沖入台灣海峽，台灣海峽比較淺，長久以來，泥沙堆積在沿海地區，形成今日的沙岸景觀。又長又寬的潮間帶，是西海岸的特色。

和礁岩海岸比較，沙岸環境單調且變化性較小，所能容納的生物種類也較少，但生物總量（Biomass）並不會比礁岩海岸小，生物大多生活在沙地中。一旦有生物適應了這裡的生活，則有大量的棲息地可以生存，迅速且大量繁殖，例如：文蛤、螃蟹、玉黍螺、牡蠣、藤壺及沙中的海蟲（沙蠶）等。

Q-2 河口的水生態有何特色？

A：第一，水中富含來自於陸地的營養鹽。第二，水有鹽度分層的現象，愈深的地方，鹽度愈高，愈上層的地方，鹽度愈低。同樣的，離海愈近的河口，鹽度愈高，離海愈遠，鹽度愈低。

◎多變化的鹽度分層，形成多樣性生物棲息環境

珊瑚礁海域的環境多樣性表現在生物棲息地的變化上，例如岩縫、珊瑚之間的縫隙、珊瑚骨骼，海藻及海草區等，這些都是各種生物躲藏的地方，甚至於珊瑚的組織內有小型的單細胞藻類－共生藻。河口就不同了，河口地區多積沙及淤泥，環境相當一致且單調。在河口區，海水和淡水交匯，淡水比重小，會浮在海水之上層，水的表層鹽度較低，愈深的地方鹽度愈高。

漲潮時，海水流入河口區，鹽度增加；退潮時，河水流出，鹽度降低。加上風浪及水流的作用，河水及海水在河口區逐漸混合。由海洋向河口區前進，離河口愈近，鹽度愈低。鹽度的梯度變化，是河口生態的一大特色。多變化的鹽度提供各種魚、蝦、貝幼年期生存的環境，也常阻止了掠食者的腳步。

河口區營養鹽匯集，水中浮游生物豐富，具有高生產力，漁民在此養殖牡蠣，或圍網捕魚（攝於布袋）。

-3為什麼稱河口是生命的臍帶？

A： 因為有一些海洋生物在生殖時必須經由河口回到河流中，例如鮭魚，小鮭魚慢慢成長，再由河口回到海洋生活。也有一些淡水生物要經由河口回到海洋中產卵，幼蟲要在海中發育，再由河口回到河川中生活，例如鰻魚、一些淡水螃蟹。牠們每年都必須經過河口，河口是牠們生活史中的必經之地，重要性就像維持小生命的臍帶一般。

◎各類經濟性魚、蝦孵育及生存的臍帶和搖籃

河口附近是許多經濟性魚、蝦孵育及生存的地方。河口也是鮭魚返鄉產卵必經的大門，幼鮭從河流游回大海，要經過河口。鰻魚的生活特性正好和鮭魚相反，成

水中鹽度的梯度變化是河口生態的一大特色（攝於淡水河口）。

熟的鰻魚要從淡水游回大海產卵，幼鰻在海中孵化、成長（俗稱為鰻線），再游回淡水中生活。牠們的生活史都和河口息息相關，河口彷彿是牠們生命的臍帶。此外，一些抱卵的淡水蟹也是到河口釋放快孵化的幼蟲，幼蟲在變成小螃蟹後，也是要經由河口回到河流中。

今天，這條臍帶已受到家庭污水、工業廢水的污染。農業灌溉、發電、工業用水的需要，也改變了河口的水量和水道。短短的數十年科技文明和人口的增加，已威脅河口生物數萬年來的適應及演化。河口生物與海洋生態環環相扣，破壞了這個海洋搖籃，人類終將自食惡果，首先要面臨的是漁業資源的枯竭及海岸遊憩地的污染，接著是生物多樣性的減少。

河口礫石區有豐富的生物，是教學的好地方（攝於大甲溪口南岸）。

Q-4 河口礫石區的生態有何特殊和重要性？

A：河口礫石區提供一個截然不同的生態環境，這裡的生物種類、外形和沙地上的有很大差別，礁岩生物常會在此出現，例如藤壺、笠貝、蝦蟹及多種螺貝類。這裡是教學的好地方，讓學生可以比較在不同環境下，生物所產生的種類及外型的差異。

◎河口礫石區，獨特「島嶼生態」環境，是生物的樂園

　　河口大多是沙岸，礫石區提供另一個獨特的環境，在生態學中，在一大片單調的環境下突然出現的獨特環境稱為「島嶼生態」，這裡的生物種類（或生物相）和附近的沙地截然不同，彷彿沙漠中的綠洲或汪洋中的一座小島，生物群集，生命豐富。

　　許多生物會躲在石塊的縫隙中（例如：各種貝類、螃蟹），或附著在石塊四週（例如：藤壺、牡蠣、多毛類的管蟲等），或躲在石塊下的細沙中（例如：沙蠶）。這種生態地的生物相非常豐富（又稱為生

礫石間提供許多棲所，躲著肉球近方蟹（攝於大甲溪口南岸）。

物的歧異度高），許多在礁岩環境生長的生物都會在此出現，但種類可能又和礁岩種類有很大的不同。

　　礫石區是戶外教學及研究的好地方，可和四週沙岸的生物相做一比較，思考及解說一些潮間帶生物適應、競爭及演化的問題。

礫石下有許多沙蠶，以有機碎屑為食（攝於大甲溪口南岸）。

Q-5 河口的三大底棲無脊椎動物為何？

A：一是環節動物門，包括沙蠶、海蟲、管蟲等。二是節肢動物門，包括蝦、蟹、藤壺。三是軟體動物門，包括二枚貝和螺類。

貝類是河口三大主要動物之一。膽形織紋螺及習見織紋螺正在啃食一隻受傷的西施舌（攝於彰化縣伸港）。

◎河口區各類常見的底棲性動物

河口區常見的底棲性動物有多毛類（環節動物門）、甲殼類（節肢動物門）及貝類（軟體動物門）。環節動物類包括沙蠶、海蟲等。甲殼類包括蝦、蟹、藤壺及沙中較小型的端腳類、橈腳類等。而軟體動物包括二枚貝、文蛤、牡蠣和螺類。這些底棲動物種類和數量都受到河口沈積性底質及水質的物理和化學性質影響。另一方面，這些龐大的底棲動物也會改變底質及水質。因為這三大類動物分佈廣、數量多，生活習性又和環境因子有關，有些特殊種類在歐美國家常被拿來做為有機污染的生物性指標，特別是環節動物。人類還希望利用環節動物（如管蟲）和節肢動物（如藤壺）濾食水中有機物的能力，來幫助清除河口有機物的堆積，加速營養鹽的循環。

Q-6 河口生物外形和生理有哪些特性？

A：第一，河口生物多為廣鹽及廣溫性生物。第二，河口生物在退潮時多躲入管子中、硬殼內或躲在沙地中，有些甚至全住在沙地中，漲潮才伸出濾食器或到地表活動。第三，河口生物大多是濾食性，以水中藻類、細菌或小生物為食。或者是底食性，在水底捕食其他生物，或以動物屍體為食，或吞食富含有機物的泥沙，以沙中有機物為食。

◎河口生物──廣鹽及廣溫性生物

河口區有淡水注入，鹽度變化很大。夏、春多雨，河口區的海水常受大水稀釋，鹽度降低。反之，秋、冬的缺水期使得河口鹽度變高。每天兩次的漲、退潮更會影響河口鹽度的變化。因此，這裡的動物及植物都一定要能適應這種鹽度的劇烈變化，能夠容忍的稱為「廣鹽性生物」。

和廣鹽性生物相對的就是「狹鹽性生物」：忍受鹽度變化的能力較低，深海及遠洋生物就多為狹鹽性生物。廣鹽性生物多生活在河口區及礁岩海岸的潮間帶（漲潮被水淹沒，退潮時露出水面的區域稱為潮間帶），而狹鹽性生物則多生活在鹽度變化小、及環境穩定的深水域。

同樣地，我們也知道有「廣溫性生物」及「狹溫性生物」，潮間帶生物大多能忍受水溫的變化，為「廣溫性生物」；而深海生物忍受溫度變化的能力較低，為「狹溫性生物」。

河口礫石上的藤壺耐鹽度及溫度變化的能力很強，是廣鹽及廣溫性生物（攝於大甲溪口南岸）。

在退潮時，許多浮游生物及小動物會被過濾在沙地上，或困在水灘中（攝於大肚溪口南岸）。

Q-7 海灘像一張大濾網？

A：沒錯！沙灘表面像一張大濾網，也有人形容沙灘像一個超級的過濾器。退潮時，沙灘上網住許多小生物，也養活了許多螃蟹和水鳥。現在你知道為什麼退潮時螃蟹和水鳥到沙灘上活動了吧！牠們在找尋困在沙灘上的食物！

◎提供沙灘生物豐富食物的超級大濾網──海灘

海水中生活著許多浮游性動、植物，有藻類、橈腳類、端腳類，有魚蝦的卵、有機物顆粒、細菌和微小生物的屍體。營養鹽豐富的河口地區，這些浮游性生物更豐富，所以河口的水看起來能見度並不是很高，甚至有點濁濁的。

退潮時，海水流過沙子，這些食物會被過濾在沙地的表面，沙灘像一個超級的大濾網一般，過濾了許多生物（卡住許多生物），提供許多沙灘生物豐富的食物。

濾在海灘表面的浮游生物很快的鑽進沙中，或因失水而死亡，養

退潮時，許多浮游動、植物被過濾在沙地上，成為其它生物的主要食物來源。水灘旁長了綠色藻類，沙灘表面也過濾了許多浮游生物（攝於大肚溪口北岸）。

份留在地表，提供給水鳥及螃蟹豐富的食物。漲潮後，沙地中潛藏的沙蠶會到表面進食。

　　每天兩次退潮提供了沙灘生物充份的食物，沒有沙灘，沒有漲退的潮水，生命將截然不同。

Q-8 為什麼河口會有豐富的食物？

A：原因是河流會將陸地上的營養鹽沖刷匯集到河口區，讓河口區的浮游植物大量繁殖，而這些浮游植物又是浮游動物的食物，所以浮游動物也跟著大量繁衍起來，這些浮游生物供養了大量大型的動物。

◎河口——昨日的搖籃，明日的墳場

　　河流的出海口稱爲河口，這裏是個十分重要的生態區，有豐富的食物，很多海洋生物會來這裡產卵及覓食，幼兒也會在河口區生長，當身體慢慢長大而且游泳能力好一些時，再回到大海中生活。所以，河口是海洋環境中的一個生命搖籃，孕育著許多生物的幼兒。這也是世界各國都盡力在保護河口區的主要原因。

　　爲什麼河口會有這麼豐富的食物？原因是河流會將陸地上的營養鹽沖刷匯集到河口區，讓河口區的浮游植物大量繁殖，而這些浮游植物又是浮游動物的食物，所以浮游動物也跟著大量繁衍起來。這些豐富的小型浮游動、植物都是小魚、小蝦、小蟹及其它生物的主要食物，所以河口區的生命跟著豐富起來，成爲生命的搖籃，孕育著多種生物的幼兒。大魚吃小魚，小魚吃蝦子，很多魚群及海洋生物也會到河口來找尋食物，使得河口區也成爲複雜的生態系。千萬年來，許多海洋生物已經適應把河口當成牠們繁衍下一代的地方，當季

和尚蟹

清白招潮蟹

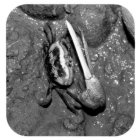
弧邊招潮蟹

河口區大量出現的清白招潮蟹。

節一到，遺傳的指令便趨動許多海洋生物回到河口生殖。此外，每年海中成熟的鮭魚要回到出生地的河流源頭產卵，及幼鮭要游向大海生活，都必需經過河口區，這就是河口重要的地方。

隨著人口增加及工商業的發展，大量的工業及家庭廢水隨著河流流向海洋，而首當其衝的就是河口區的這些生物。這些廢水很多含有有毒物質及垃圾，它們夾雜在沉澱的泥沙中，並堆積在河口區，污染了河口。雖然河口受到污染，然而，許多海洋生物身體內的遺傳指令依然執著地趨動牠們回來河口來產卵，但卻不知道這裡已經成為死亡的陷阱。在這些污染的河口中，幸運者只是卵無法孵化或幼蟲無法存活，不幸者是一進入河口之後，連逃出的機會都沒有！

Q-9 如何保護河口？

A：最好的方法是讓自然的歸於自然，不要有太多人為干擾與破壞。如果萬不得已，一定要在河口區從事一些建設或工程時：

第一，要避免干擾或破壞水的正常循環及流動系統，例如：避免切斷或縮小河道。

第二，避免干擾具有高生產力的淺水區，例如：礁岩區、礫石區、海草區、紅樹林區或沿岸沼澤區，因為這些區域是許多海洋生物的育嬰地，生物種類多，生態系複雜，非常脆弱。

第三，最重要的是教育，要避免河口的污染及破壞要從教育著手，讓民眾「認識」河口，認識河口多樣的生命及重要性，有認識才會有「關懷」，有了關懷，才能談河口的「保育」。

河口堆積的垃圾。

◎河口的污染源——人類的經濟活動

海岸被隨意傾倒廢土的情形（攝於彰化伸港）。

河口的污染源主要來自於沿岸的工業、商業、家庭廢水及工程廢土。這些污染物會堆積在河口區，其中最嚴重的是重金屬的污染，它會進入魚、蝦、蟹、牡蠣、文蛤體內，累積在生物體內，不易排除，稱

為「生物累積」或「生物堆積」。人類吃了這些污染的海洋生物，重金屬堆積到人的身體內，造成傷害。只有透過學校及社會教育，告訴民眾河口的重要性，並透過法律（廢棄物管理法）、建設（廢水放流管）等，才能保護住這個重要、脆弱且具高生產力的生育地。教育是關鍵！要教育民眾「認識」河口，才會「關懷」河口、進而「保育」河口。「認識」、「關懷」、「保育」是階段性的。

「教育是昂貴的，但如果沒有教育，那一切就更昂貴了！」

溫寮溪口的蘆葦。

Q-10 海濱植物區的生態角色為何？

A：第一，直接提供許多生物的食物來源，特別是底食性及濾食性生物。第二，分解的枝葉，豐富了水中的營養鹽。第三，提供了搖籃（棲地）讓生物躲藏及覓食。

◎海濱雜草的角色——食物網中的初級生產者

　　河口及海灣潮間帶的植物大多是蓄鹽性、泌鹽性植物，或細胞壁含有高纖維素，不適合草食動物的牛、羊食用。這些豐富的植物是碎屑性食物網的起點，而非草食性食物網。植物分解後的有機碎屑成為線蟲、多毛類（沙蠶、管蟲）、螺類、及小魚、小蝦的食物來源。分解後的營養鹽更成為懸浮性及附著性微細藻類生長的營養鹽。微細藻大量生長，一些濾食性生物如藤壺、二枚貝，及底食性生物如蝦、蟹、螺類、幼魚類、多毛類，便有了充足的食物來源。在食物網中，充足的初級及次級生產者、消費者，是複雜且穩定的生態系所必備的條件。

　　海濱植物在漲、退時更提供許多小型水生生物躲藏及覓食的好地方。研究結果顯示，海濱植物區的生物多樣性（生物種類和數量）遠比沒有植物的地區高出許多。

Q1-11為何一般植物無法在河口生存？

A：因為一般植物的根系無法在河口區的淤泥中獲得足夠的氧氣呼吸，也無法抗拒硫化氫等有毒物質，所以無法在此生存。

◎缺氧的土壤，讓一般植物的根不能進行呼吸作用，而難以生存

河口和紅樹林並非完全浸泡在水中或暴露在空氣中，而是受到漲潮、退潮的影響，有間斷性的淹沒或乾涸。加上來自於河流的淤泥堆積，泥沙顆粒微細，水的滲透性和空氣的通透性都比較差，使得淤泥內經常呈現水飽和的狀態，阻絕了氧氣滲入泥內的機會。氧氣供應不足，氧化作用無法進行，使得土壤長期呈現缺氧的還原狀態。

因為土壤缺氧，一般植物的根不能進行呼吸作用，而無法在此生存。缺氧狀態下的淤泥很容易產生硫化氫（H_2S）等有毒物質，會毒化植物的根部組織。簡單地說，因為一般植物的根系無法在河口區的淤泥中獲得足夠的氧氣呼吸，也無法抗拒硫化氫等有毒物質，所以無法在此生存。綜言之，河口、紅樹林、潟湖等鹽沼地，土壤長期缺氧、多硫化氫，加上土質細密泥濘、鹽度及溫度變化大，一般淡水及陸地植物的根系無法在此存活。

紅樹林植物的根系已適應河口的高鹽度及水飽合的土壤。

Q-12 紅樹林怎麼不是紅色的？
為什麼叫作紅樹林？

A：這些植物主要是由紅樹科的樹種組成，因其木材多呈紅色，樹皮可以提煉出丹寧做為紅色染料，因此稱為紅樹。

◎紅樹林的名稱由來與定義

　　第一次看到紅樹林的人一定會有一些納悶，一片青蔥翠綠的植物，沒有半點紅色，怎麼會叫「紅樹林」呢？事實上，紅樹林的中文名稱由來，是因為這些植物主要是由紅樹科（Rhizophoraceae）的樹種組成，因其木材多呈紅色，樹皮可以提煉出丹寧做為紅色染料，因此稱為紅樹。而英文則以Mangrove來稱所有的紅樹林植物，這個字是由西班牙文的Mangle（樹）和英文中的Grove（樹叢）二字組合而成（薛1995）。

青蔥翠綠的紅樹林。

　　紅樹林的定義分成：廣義紅樹林及狹義紅樹林。廣義紅樹林是指生長在熱帶及亞熱帶海岸潮間帶地區、泥濘及鬆軟土地上的所有植物的總稱。而狹義的紅樹林則局限於此區的喬木及灌木，且有能力形成純林及具有適應環境的形態分化，例如：氣生根、支柱根和胎生現象等。

　　台灣的紅樹林植物主要有海茄苳（馬鞭草科）、水筆仔、五梨跤（紅樹科）和欖李（使君子科）。

Q-13 水筆仔的胎生苗外形像什麼？

A：浮標！因為它的末端尖尖的，屁股大大的，重心在下半部。漲潮時掉入水中可以隨波逐流，退潮時剛好插在沙地上成長。

Q-14 水筆仔的胎生苗如何發芽？

A：先看看圖片，再動腦想一想。

胎生苗掉落，插入沙地中。由下方長出根！

胎生苗（胚軸）上有一褐色的果蕚，果蕚脫落，由頂端長出葉片。

水筆仔像浮標般的胎生苗在母株上生長。這種胎生苗有高度適應性（攝於台中縣溫寮溪口）。

◎水筆仔像浮標的胎生苗，在河口有高度適應性

水筆仔是長綠小喬木，屬於紅樹科，高度可達5公尺，大約在6-8月開花結果，種子在母樹上繼續成長，產生所謂的胎生苗。明年3-4月間，胎生苗已長達20公分左右，成熟的胎生苗尖端呈紅褐色，已貯備有大量的養份，可以準備落地，迎接自己的生命，遠遠望去像茄子一般，大陸稱爲「秋茄」。

水筆仔的散播主要靠海水，它的胎生苗長得細細長長的，尾部膨大，而且末端尖細。這樣的形狀，使得重心扁在尾部。這種形狀有何適應上的意義？當胎生苗落下時，如果落下的時間剛好是退潮，則正好可以插在泥地中成長。根由末端四周長出，棕色的花托部份最後會脫落，新芽由此長出。如果遇到漲潮，那就會直立漂浮在海水中，末端在下面，像一支會漂的浮標一般，遠離家園，開疆闢土。當海水逐漸退去，尾部的尖端會先著地，如果運氣好，就可以隨著退潮慢慢插入泥地中。

最特別的是胎生苗也蓄積有相當的鹽分，可以適應突然落在鹽水中的環境。胎生苗內具有間隙組織，富含空氣，可以在海上漂浮。胎生苗粗厚，富含丹寧質，可避免螺類及其他軟體動物侵襲。許多幼苗在擱淺前已漂流幾百哩甚至幾千哩，這是水筆仔的散播方式，也是其廣分佈在熱帶海域的主要原因。

台灣現存的四種紅樹林植物中，只有水筆仔及五梨跤有胎生現象，海茄苳的胎生現象已不明顯，欖李則無此現象。

Q-15水筆仔如何獲得氧氣？

A：水筆仔生存所需的氧氣，主要來自於植物的地上部份，而非根系。氧氣由地上部往下輸送，提供根部所需。

◎水筆仔如何呼吸？

水筆仔生存所需的氧氣主要由葉子、嫩枝及呼吸根進入，由地上部往下輸送，提供根部所需。此外，氧氣還可進一步滲透到根的周圍，使根周圍淤泥呈現氧化狀態，以減低淤泥因還原狀態所引起的毒害，例如：硫化氫的毒害（邱1996）。這也是水筆仔能生活在河口淤泥區的原因之一。

在寒冬之際，紅樹林依然翠綠，不會大量落葉，以維持氧氣進入。另外，錯綜複雜的呼吸根也扮演重要的角色，其中較特別的是海茄苳的呼吸根，呼吸根源自於地下根，圍繞在徑幹的四周，呈細長棒狀，對穩固植物及氣體交換均有相當大助益。

水筆仔的氣生根多從側枝下方產生，接觸地面後即成支持根，從老幹基部附近所產生的地下根常隆起，形成板根狀。

水筆仔生存所需的氧氣主要由葉子、嫩枝及呼吸根進入，由地上部往下輸送，提供根部所需。

Q-16 紅樹林植物如何抗鹽？

A：第一，根在吸收水分時會過濾掉大部份的鹽分。第二，將鹽貯存在葉的特殊組織中，即所謂的蓄鹽性。第三，有鹽腺可以排除鹽分，即一般所稱的泌鹽性。

◎紅樹林植物的抗鹽方法

最適合水筆仔生存的海水鹽度為0.5-1.0%，而正常海水的鹽度大約在3.0-3.2%。水筆仔生存的海水鹽度是正常海水鹽度的1/3左右，這種地區大多在河口附近才有。植物學家發現水筆仔體內鈉的濃度，是從根部往上遞減，說明了水筆仔有排拒鹽份的能力。

紅樹林植物主要以三種方法來避免體內蓄積過多的鹽分：

（1）根在吸收水分時會過濾掉大部份的鹽分。

（2）將鹽貯存在葉的特殊組織中，即所謂的蓄鹽性。

（3）有鹽腺可以排除鹽分，即一般所稱的泌鹽性。

大多數紅樹林植物用其中兩種方法來排除鹽分，而少數植物同時用三種方法來排除鹽分。

水筆仔的根在吸收水分時會過濾掉鹽分。

Q-17 海茄苳的氣生根有何功能？

A：呼吸和固著。

◎海茄苳的棒狀呼吸根

　　海茄苳主要特性是具有許多細長的棒狀呼吸根，這些呼吸根圍繞在主幹四周，由錯綜複雜的地下根長出。呼吸根內具有海綿組織，有利於氣體交換，對於根部的呼吸作用有很大助益。這些根也可以抓住淤泥，也有固定的作用。

海茄苳氣生根。

Q-18 海茄苳如何萌芽及成長？

A：海茄苳的成長五部曲：

1.扁平蒴果結實累累。

2.蒴果萌芽，胚根長出，準備伸入土中。

3.胚根深入土中，二片子葉準備舉起。

4.新芽由兩片子葉之間長出。

5.逐漸成長的小苗。

6.最後又成結實纍纍的海茄苳。

◎認識海茄苳

　　海茄苳屬於馬鞭草科，是一種常綠喬木，也是重要的紅樹林物種之一。植株的高度和生育地有非常密切的關係，有從2公尺到10公尺高的差別。葉片呈廣橢圓形，花期在5～7月間，果實在11、12月成熟，萌果略扁平。海茄苳樹皮呈灰白色，大陸稱它為「白骨壤」，主要分佈於印度、馬來西亞、澳洲、菲律賓、日本、台灣、中國大陸。

彰化縣芳苑的海茄苳紅樹林。

水筆仔。

Q-19 為何紅樹林成長緩慢？

A：因為它們的能量大多用來對抗海水這種惡劣的環境，相對的，用來成長的能量就比較少，所以成長緩慢。

Q-20 台灣有幾種紅樹林植物？
哪些有胎生苗現象？

A：根據文獻記載，台灣有三科六種紅樹林植物：水筆仔、五梨跤、紅茄苳、細蕊紅樹（紅樹科）、海茄苳（馬鞭草科）、欖李（使君子科）。但細蕊紅樹與紅茄苳已經消失，所以只剩四種。而這四種中只有水筆仔和五梨跤有胎生苗現象。

◎珍貴的紅樹林

　　水筆仔在3年中僅長高約60公分左右，成長非常緩慢。這是因爲它們光合作用所產生的能量，大多用來對抗惡劣的環境，例如：水中鹽分濃度愈高，植物用來排除鹽分所需的能量就愈多。相對的，用來生長的能量就愈少，所以，生長就變得非常遲緩。

　　紅樹林之所以珍貴，除了生長緩慢外，最主要是它提供一個多樣化的棲地，也提供豐富的食物來源。在河口及鹽沼區，大多植物都無法存活，而紅樹林卻可將這荒蕪之地轉變成綠洲，並提供多樣的生命。

　　紅樹林對環境的選擇相當嚴苛，潮水、鹽度、溫度、土質都是限制因子，台灣西部海域並不是每個河口及鹽澤區都適合紅樹林生活。台灣地區多颱風，每片紅樹林都經過千百年來大自然嚴格的考驗，如果沒有母株保護，移植的幼苗常受季風及海浪衝擊而無法存活。對現今僅存的紅樹林更應嚴加保護，它是未來教育、遊憩、環境保育的重要資源。

Q-21 為什麼河口的石頭上長滿藤壺？

A：第一，因為藤壺是固著性生物，必需附著在硬物上。第二，藤壺有硬殼保護，退潮時，身體可縮入殼中，避免水份流失，所以可大量存活下來。第三，藤壺是一種廣鹽性和廣溫性動物，已高度適應河口的水生態。

◎為什麼藤壺不生活在河口廣大的沙地上，而生活在岩石及其它堅硬的物體上？

主要原因有：(1)流動的沙子無法讓藤壺固著。藤壺是附著性動物，必須吸附在堅硬的物體上，才能固定住身體生活；(2)流動的沙子將阻礙藤壺的進食及呼吸，甚至掩蓋過藤壺，引起窒息及死亡。

石上藤壺。

Q-22藤壺在河口生態的角色？

A：第一，藤壺以水中小生物為食，數量龐大的藤壺，會濾食掉水中大量食物。牠們會和蛤蜊、牡蠣、幼魚、幼蝦等經濟生物競爭水中有限的食物。

第二，藤壺所產生的大量的浮游性幼蟲，也是小魚、小蝦及其它濾食性生物的重要食物來源。

第三，藤壺吸附在平滑的圓石上，讓基底愈來愈大，其縫隙提供了棲地的多樣性，許多生物可在牠的空殼上附著、生活及找到食物。藤壺死後凹凸不平的表面增加了棲地的多樣性。藤壺經常是人工魚礁及海底沉船的先驅物種，吸引其他物種前來。

竹上藤壺。

◎認識藤壺

藤壺屬於節肢動物門，甲殼亞門，蔓足綱，和蝦、蟹是親戚。牠們也有幾丁質外骨骼，也和蝦、蟹一樣，要進行周期性蛻皮，但是外圍的鈣質骨板是保護性的外殼，並不會蛻落，而且逐年增長，牠們的身體就躲在這個堅硬的外殼中。藤壺是附著動物，無法自由行動，壽命大約是2~6年。

◎藤壺如何吃東西？

在漲潮時，藤壺會伸出6對長長的腿肢（蔓肢），不停地揮動，造成一股水流，撈捕水中的浮游生物及有機物顆粒為食。數量龐大的藤壺，會濾食掉水中大量的浮游生物。牠們會和蛤蜊、牡蠣、幼魚、幼蝦等經濟生物競爭水中有限的食物。當然，藤壺所產生的大量的浮游性幼蟲，也是小魚、小蝦及其它濾食性生物的重要食物來源。

Q-23 藤壺為什麼要群聚在一起？

A：雖然牠們是雌雄同體，但需要異體受精，群聚在一起可以方便交配，繁衍後代。

Q-24 藤壺又如何能群聚在一起？

A：藤壺的表皮和硬殼有吸引幼蟲前來附著的特性，這就是牠們能聚在一起的原因。

【愛的獻禮】

生殖時，藤壺會伸出長長的生殖管，將精子送給對方。

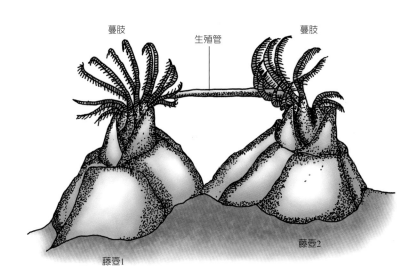

蔓肢　　　生殖管　　　蔓肢

藤壺1　　藤壺2

◎聚集在一起的藤壺
——沙岸地區堅硬棲息地的優勢生物

藤壺是台灣西部海岸最常見的底棲生物之一，數量豐富。牠們是雌雄同體，但必須異體受精，每一個體可以伸出長長的雄性生殖器和鄰居交換精子，因此必須住在一起，聚在的一起的最大好處是方便彼此交配。

受精卵在體內發育爲幼蟲（稱爲無節幼蟲），會被排放到海水之中。經過約一星期的漂浮期後，發育成爲腺介幼蟲，準備變態並進行附著。每隻成熟的藤壺每年可以放出上萬隻幼蟲。

成體藤壺有吸引幼蟲在身邊附著的特性，這就是牠們聚集在一起的另一原因。在沙岸地區，特別是河口區，岩石、石塊或其他堅硬的物體非常稀少，海邊的任何一塊石頭、木樁或建築體，只要海水可以浸泡到，都會被藤壺附著。這也反映出沙岸地區堅硬棲息地的稀少及珍貴，相同物種對於有限棲所的競爭非常劇烈，而藤壺是這裏的優勢生物，會和牡蠣、管蟲等競爭棲息地。

Q-25 藤壺對海洋生物及人類有何影響？

A：藤壺會吸附在鯨、海龜和螃蟹身上，好像寄生蟲一般，影響牠們的行動。

藤壺也會吸附在船和軍艦的底部，影響船的速度和壽命。

藤壺還會附著在海邊電廠的取水口柵欄和水管的內壁上，影響進水量，造成電廠的危機。

◎藤壺產生所造成的危機及益處

藤壺常附著在港口的木椿、水泥、石塊及其他水中建築物上，也會附著在海底電纜上，使電纜過重而斷裂。附著在發電廠進水管及水中柵欄上的藤壺，會嚴重影響電廠冷卻水的水量，常常造成很大的危機。藤壺也會附著在海龜及鯨的身上，影響牠們的游泳速度，甚至造成死亡。

木頭上成團的藤壺。

防波堤及人工魚礁上附著的藤壺則有正面的意義，防波堤上的藤壺及其它附著生物可以減少海水對海堤的侵蝕，大量的藤壺可以增加防波堤的體積，讓防波堤更穩固。人工魚礁上附著的藤壺，會增加魚礁的體積，讓魚礁更穩固，不易流失，更可以吸引魚類及其它生物聚集及覓食，使魚礁提早成為複雜的生態系，增加魚礁的效果。

Q-26 鵝頸藤壺如何能分佈於全世界？

A：看看照片，動動大腦想一想，你告訴我原因吧！
鵝頸藤壺常吸附在水中的浮木上，隨波逐流，所以是一種分佈很廣的種類。

◎鵝頸藤壺——原始的藤壺種類

　　鵝頸藤壺是有附著柄的藤壺，又稱為茗荷兒，牠有一條長長的肌肉質長柄，可以吸附在堅硬的物體上，可能是比較原始的種類。牠們的身體被5塊鈣質骨板包住，外型扁平。漲潮時，牠會微微打開骨板，伸出附肢，不停向內擺動，濾食水中的浮游性生物。鵝頸藤壺常吸附在水中的浮木上，隨波逐流，所以是一種分佈很廣的種類。海邊的漂浮物上，常發現吸附了許多鵝頸藤壺。由於常被沖到岸上，鵝頸藤壺的耐乾燥能力很強，能夠一星期不接觸到海水也不會乾死，這是長期適應和演化的結果，讓牠們有較強的耐乾燥能力。鵝頸藤壺在台灣各海域海邊均很常見。

鵝頸藤壺在水中的濾食情形。

浮木上的鵝頸藤壺。

Q-27 招潮蟹「左撇子」和「右撇子」 是怎麼形成的？

A：左、右撇子是由遺傳所決定，機會是一半一半。

◎認識招潮蟹

招潮蟹是河口及紅樹林重要的底棲性大型無脊椎動物，雄蟹有一隻大螯足及一隻小螯足，有的時候是左撇子，有時候是右撇子，機會幾乎是一半一半，左右撇子是由遺傳所決定。巨大的螯足伸展在身體的前方，它的形狀有一些類似小提琴，所以西方人稱招潮蟹為「提琴蟹」（Fiddler crab）。台灣的招潮蟹目前只記錄10種，想一想，有一隻大螯和一隻小螯的螃蟹還真的不多。

清白招潮蟹「左、右撇子」。

Q-28 招潮蟹大螯的功能？

A：大螯是用來防禦、威嚇、求偶和展示，也是性別的象徵。

Q-29 大螯可以用來夾東西吃嗎？

A：別傻了，想像一下，拿一根像臉盆那麼大的湯匙吃東西，你吃給我看！

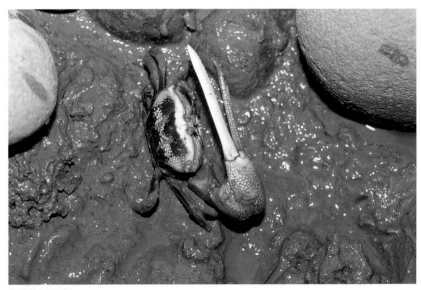

雄性弧邊招潮蟹。

◎除了大螯，小螯也有各種功能

　　大螯的功能是用來防禦、威嚇、求偶，也是性別的象徵。因此，雄招潮蟹只能用另一隻小螯抓東西吃。雌蟹只有二隻小螯，主要是抓取食物來吃，沒有防禦的功能。在退潮時，招潮蟹會從洞穴中出來，用小螯把身體清理乾淨，抓取沙地表面上的食物來吃。

Q-30 如何分辨招潮蟹的雌、雄？

A：雄招潮蟹的特徵是具有一大一小的螯足，而雌招潮蟹則兩隻螯都是小的。

雌性弧邊招潮蟹。

◎招潮蟹的雌、雄，一目暸然

招潮蟹小螯的功能是取食物吃，大螯的功能是禦敵和求偶。分辨一般螃蟹性別的方法是將螃蟹翻過來，臍圓寬的是雌蟹，臍狹窄的是雄蟹。但招潮蟹就不用如此麻煩，由螯的大小就能清楚判別。

◎如果招潮蟹的雙螯都斷了，是否也能由臍判定牠們的性別？

答案是可以的。不過，招潮蟹雌、雄性臍的差別並不像一般螃蟹那麼明顯，但多看幾次，熟能生巧，也是可以加以辨認的。

Q4-31 螃蟹也會自割？

A：會！不信你看看這張圖片。兩隻斷掉的大螯就在身旁。

◎看見螃蟹自割大螯的親身經歷

我有一次特別的經驗：在野外看到一隻大螃蟹，想抓牠，卻又對牠那二隻大螯畏懼三分，剛好旁邊有二隻竹筷子，心想，兩隻筷子讓牠左右各夾一隻，那就可以將牠手到擒來。牠真的用雙螯緊緊夾住筷子不放，我不敢用手去抓牠的背甲，怕牠給我一記回

螃蟹自割自己的一對大螯。

馬槍，我順勢一提，將牠提了起來，準備連筷子一起丟到採集袋中。突然，牠二隻大螯一齊斷掉，身體落在地上，一翻身就逃了出去。

我看著緊夾著筷子的二隻大螯，一時愣住了。原來螃蟹在十萬火急時，也會快速自割。我望著這隻「勇敢」的鐵甲武士，目送牠離去，放牠一道生路。又瞧瞧我的二隻手臂，用力甩一甩，如果我的手臂也掉了，那該怎麼辦？

教科書上說螃蟹的殘肢會在每次脫殼後緩緩長出，幾次脫殼之後，殘肢就可復原。我心裡又想著，沒有這兩隻大螯，往後牠如何保護自己？如何吃東西？牠一定要更加小心，躲躲藏藏，多躲在洞穴之中，吃東西也只好「以口就飯」。

在我們生活中其實也有螃蟹自割的實例，只是從來沒注意罷了。小時候，媽媽常抓河中的毛蟹回來蒸，每次一掀開鍋蓋，毛蟹的腳都斷了，但從來沒思考為什麼會這樣，現在知道了，在危急時，螃蟹是會自割的。

Q-32 螃蟹也會裝死？

A：沒錯，看看這些姿勢，躺得多不雅！牠在假死！

◎裝死是螃蟹逃生的看家本領

螃蟹的一個逃生的本事是裝死，當牠受到驚嚇或攻擊時，如果反擊無效，索性就癱在沙地，一動也不動，一副裝死耍賴的模樣，這是一種假死行為。這樣的好處或許是讓敵人沒能得到足夠的挑釁與掙扎，所以對牠興趣缺缺，反而可以逃過一劫。

海洋中有許多捕食者對於越能掙扎的「海鮮」，越能引起牠們的食慾，對挑戰性太小的獵物反而興趣缺缺。陸地上的動物也有相同的情形。我家隔壁那隻脾氣快瀕臨絕種的小（野）花貓就是一個最好的例子，牠一定要把蟑螂和老鼠「玩個」半死，才吃掉牠們，有時蟑螂翻著肚皮、抽動著後腿裝死，牠還要依依不捨的抬起腳，拍呀拍得，硬把牠拍醒！

或許，對螃蟹而言，裝死也是一種逃生的方式。有些捕食者視覺可能不是很好，太驚慌的跑來跑去，反而會被發現。所以，在螃蟹適應的過程中，這種裝死的行為被選擇下來。這種裝死的行為稱為「假死」，不只豆形拳蟹，許多種螃蟹都有這種假死的行為。

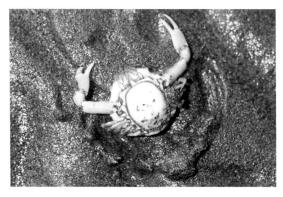

裝死的豆形拳蟹。

Q-33 豆形拳蟹又叫「千人捏不死」，是因為牠真的捏不死嗎？

A：當然這不是真的，只是用來比喻牠有非常硬的外殼而已。

◎認識豆形拳蟹

豆形拳蟹是生活在河口附近的一種潮間帶螃蟹，在退潮的小水灘中，常可發現牠們的蹤跡。雖然牠的體型不大，背甲的長度及寬度很少超過4公分，但是非常堅硬，牠有「千人捏不死」的俗名，你因此可以想像牠的殼究竟有多硬。當然這只是比喻，各位可千萬別把牠真得給捏死或踹死了！

另一個演化與適應的問題是為什麼豆形拳蟹的殼會特別硬？有什麼好處及壞處？螃蟹是屬於外骨骼動物，殼又硬又厚的好處是可以保護身體，普通敵人對牠莫可奈何。壞處則是厚殼會影響到活動，不能運動自如及快速奔跑，只能在沙地上緩緩爬行。豆形拳蟹的最大敵人是河魨類，河魨大而銳利的牙齒及強而有力的上下顎，可以咬碎豆形拳蟹。當河魨及其它他大型魚類靠近時，豆形拳蟹會很機警地躲到沙地中。

豆形拳蟹。

交配中的豆形拳蟹。

Q-34 哪一隻是公的？哪一隻是母的？

A：你猜呢？下面較大的那一隻是母的，猜對了沒？！

◎海洋無脊椎動物中，大多數都是雌性長得較大

螃蟹有交配的行為，雄蟹體型比雌蟹小，雄蟹用第一對步足抓住雌蟹，趴在雌蟹背上，因此，在海邊常可看到二隻正在「疊羅漢」的螃蟹。

許多海洋無脊椎動物的雌性體型都會比雄性大，為什麼呢？這是因為卵的體積往往是精子的數千到數萬倍大，少量的精子就可以讓大量的卵受精。雌性體型愈大，產生的卵愈多，對種族的延續愈有利。生多少後代的關鍵常由卵的數量來決定，所以，對這些動物而言，雌性的體型大一點，在演化上較為有利。

因此，在演化的過程中，如果動物一次可生產數千到數萬的卵，那雌性的體型往往比雄性大了許多。雄性長得太大，只是浪費身體的能量，太多精子反而會造成多重受精（一個卵子被一個以上的精子同時受精），胚胎無法正常發育而死亡。有些魚類和貝類更有趣，可以性轉變，年輕的時候，體型小一點的時候是公的，之後越長越大，性別就變成母的，因為這時可以產多一些卵。

Q4-35 螃蟹洞有什麼功能？

A：可不要小看這些密密麻麻的螃蟹洞。漲、退潮時，新鮮的海水和食物可以透過這些小洞洞，送達沙地深處，提供食物和氧氣。沒有這些小洞洞，許多沙中生物可是活不下來的！

◎奇妙的螃蟹洞

河口的泥灘地上最常見的生物就是招潮蟹，數量豐富，有時一平方公尺內可多達百隻。牠們在沙地上挖洞，住在洞穴中，退潮時就在洞口附近活動及覓食。一遇到危險，就立刻逃回洞中。漲潮時，牠們會躲在洞中，用細泥將洞口堵住，留下一個小氣室，招潮蟹就躲在氣室中，靜靜地等待下一個低潮，再到洞口活動。

數量龐大的招潮蟹對於河口地區的植物（例如：紅樹林）及其他底棲性生物（例如：沙蠶、線蟲、紐形蟲、蛤類及其他蠕蟲類等）有那些影響呢？在漲潮時，新鮮且含有氧氣的海水會注入這些密密麻麻的地洞，而這些新鮮的海水是沙地中其他生物所必需的。因為河口地區常聚集許多陸地上漂來的細泥，如果沒有招潮蟹及其他螃蟹在這裡挖洞，泥地下的海水無法和上面的海

奇妙的螃蟹洞。

水正常交流，不久之後，細泥下的海水將會缺乏氧氣，沙地中的生物也無法在此生存。沒有了這些螃蟹和海蟲，海鳥也不會在此聚集，找尋食物，河口區將會一片死寂。

　　招潮蟹的洞穴促進了沙地下海水的循環，增加了溶氧量。紅樹林內的招潮蟹更會食用掉落下來的腐葉，促進這個生態區營養及能量的循環。表面上看，招潮蟹在河口區伴扮演著消費者及清道夫的角色，實際上牠們對河口的水中或岸邊的動、植物有非常大的貢獻。

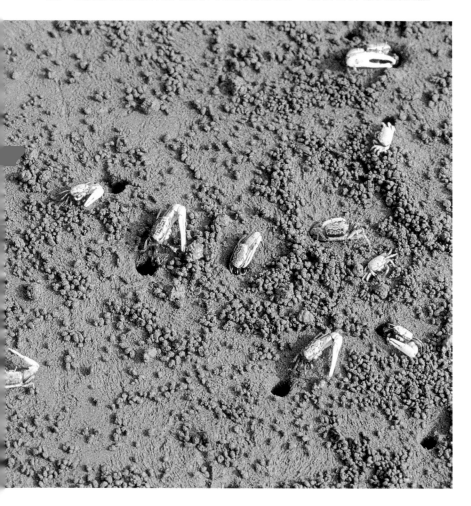

Q-36 招潮蟹的「煙囪」有什麼功能？

A：有人認為它可以當作一個地標，吸引雌蟹前來交配，增加雄蟹交配的機會。

◎什麼是招潮蟹的「煙囪」？

河口及沙岸的招潮蟹常在洞穴上面加蓋一層「違章建築」，一根長長的管子好像小煙囪一般，這隻煙囪究竟有何功能？

有人認為它可以當作一個地標，吸引雌蟹前來交配，增加雄蟹交配的機會。雄蟹站在煙囪口揮舞大螯，遠方的雌蟹更容易發現牠的存在、瞧見牠的英姿、或被牠的辛勤所感動。

另一個說法是：煙囪可能和洞穴的深度有關。在退潮時，招潮蟹為了要挖掘到地下水來潤濕鰓或受精卵，所以必須努力往下挖掘。在這種情況下，煙囪可能只是挖洞時的副產品，煙囪的高度和洞穴深度（或地下水）成正比。

為何又要堆成煙囪形狀？這可能是愈深處土質濕黏，無法拋擲太遠，如果堆放在洞口，就不必離開洞穴，避免被捕食的危險。而且堆成圓柱形可以增加洞穴深度，提供更多保護。如果這個假設正確的話，那煙囪只不過是獲得水份的副產品罷了。因此，高潮線附近的煙囪應該比低潮線來得更長更高，而且同一隻招潮蟹在大潮時所蓋的煙囪也應該比小潮來得高才對。

螃蟹洞口上的煙囪。

Q-37 招潮蟹是先從左邊逃進洞？還是右邊？

A：這要看當時危急情況而定！
第一，當危機不是很緊急，招潮蟹可以從容地逃回洞中時，牠一定是小螯那邊先進去，讓大螯向著洞口，既可保護，又可堵住洞口。
第二，情況緊急時，只要能衝回洞中就好，所以左右邊都有可能，那一邊方便，就那一邊先衝進去。

招潮蟹有左撇子，也有右撇子。

◎管它左邊還是右邊，逃命最重要

招潮蟹有「左撇子」和「右撇子」，大螯有的在左邊，有的在右邊。牠們非常機警，只敢在洞口四周活動，當牠們遇到危險或受到驚嚇時，立刻鑽回洞中。你有沒有觀察過，是有大螯的一邊先鑽入洞中呢？還是另一邊？為什麼會這樣呢？

經過好多次觀察，我終於有了結論：第一，當危機不是很緊急，招潮蟹可以從容逃回洞中時，牠一定是小螯那邊先進去，讓大螯向著洞口。第二，緊急時，牠就不管三七二十一，只要能衝回洞中就好，所以左右邊都有可能，那一邊方便，就那一邊先衝進去。

為什麼會這樣呢？螃蟹的大螯是用來威嚇敵人，或求偶展示，當牠跑回洞中還可以用大螯擋在前方，保護自己。所以只要時間充裕，危機不是太大，招潮蟹通常都是從容的大螯向外，躲在洞口；大螯向外，既可防衛，又可堵住洞口。

如果情況緊急，那只要逃回洞中就好，防禦是次要問題。所以要看當時危機的情況，時間愈節省愈好，如果還要轉身，堅持小螯先進去，那可能就要來不及了。所以我在海邊觀察牠們衝入洞中時，從沒看過牠們轉身，倒是常看到牠們為了就近，一時緊張，常常逃到別的螃蟹洞中，被趕了出來。因為鑽入別人洞中時，小螯剛好碰上原洞主的大螯。

Q-38為什麼兵蟹要出來行軍？打仗嗎？

A：非也！牠們是出來覓食。

Q-39又為什麼要成群結隊？

A：可能是這樣聲勢浩大，敵人不敢貿然前來，被捕食的機會比較小。

◎向前走的螃蟹

因為兵蟹（Solider crabs）有成群外出的特性，而且聲勢浩大，一出來就是成千上萬，好像是一群在沙灘上行軍的士兵一般，所以稱為兵蟹。兵蟹又俗稱為海和尚，因為牠的身體大略呈圓形，光禿禿的，好像一顆小光頭一般。

兵蟹有一個很特別的習性，一般的螃蟹是橫著走路，可是兵蟹是「向前行」。螃蟹通常有兩隻大螯，用來攻擊獵物或防禦敵人，可是兵蟹的兩隻螯很小，攻擊或防禦的能力已經不強，最主要是用它來把食物送到嘴中。兵蟹的主要食物是沙中的有機物碎屑、小型浮游性動物或植物。牠們用這一對小螯挖取含有這類食物的沙子，將沙子中的食物吃掉。

為什麼兵蟹要外出？沙灘上的螃蟹都會挖一個洞，只在洞口附近活動及覓食，遇到危險就立刻躲入洞中。兵蟹和沙灘上活動的螃蟹不同，牠不會築洞。在退潮後約一個小時，兵蟹會從沙子中鑽出來往沙灘上的小水潭前進。兵蟹外出的主要目的是找尋食物，小水潭在退潮時會累積許多食物，兵蟹在這些小水潭中不僅可以獲得食物而且還可以潤濕牠的呼吸器官——鰓，這就是兵蟹外出的主要原因。

為什麼兵蟹要成群結隊外出？成群結隊有什麼好處？單獨出現又有什麼壞處？兵蟹的運動速度比其他螃蟹慢很多，如果單獨出現，

行動緩慢加上頂個小光頭，目標明顯，被海鳥或其他種大螃蟹捕食的機會很大。如果一大群出現，聲勢浩大，敵人可能一時被嚇住了，不敢過來攻擊。成群出現的另一個好處是：被捕食的機會比單獨出現相對減少許多。成群出現的結果是耳目眾多，可以相互照應，當團體中的一或兩隻遇到捕食者時，其它兵蟹就可以趕快挖洞逃走。和一兩隻單獨行動的兵蟹比較起來，成群活動被吃掉的機會小很多，這就是牠們成群活動的原因。

兵蟹又俗稱為海和尚。

Q-40 兵蟹什麼時候出來？
為什麼小兵蟹不出來？

A：兵蟹在風和日麗的時候才出來。小兵蟹可能因身體小，水份容易散失，跑的又慢，被捕食的機會較大，所以不敢出來。

◎兵蟹的「隧道式覓食」

大的兵蟹會成群結隊出來覓食，小的兵蟹則不會出來，只會進行所謂的「隧道式覓食」。小兵蟹爬到接近地表的地方，吃表面富含有機質的泥沙，因此形成圖片中的特殊景觀。小兵蟹不出來的原因可能是體型小，容易被捕食。另一個原因是，外面可能風大或太熱，若水份流失太多，很容易死亡，因此牠們不會出來覓食。

天氣如果太熱、太冷、陽光太強或風太大，大兵蟹也不會外出，也同樣會爬到接近地表的地方，進行所謂的「隧道式覓食」。漲潮後，這些隧道會被水淹沒，恢復原貌。

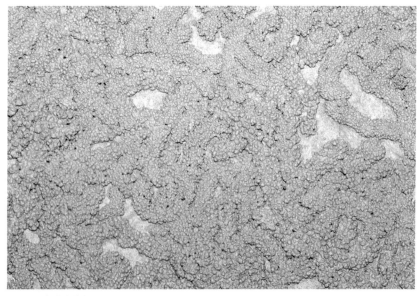

小兵蟹的隧道式覓食。

一群兵蟹正在挖洞逃入沙地中。

Q-41 兵蟹如何快速挖洞？

A：牠們是側著身子，旋轉身體，用腳快速向下挖，旋轉方式好像香檳酒的開瓶器似的，一邊轉動，一邊往下移動！

◎小心謹慎的兵蟹

兵蟹身上有稀疏的感覺毛，可以敏銳的察覺地表的震動，所以當我們一接近，牠們很快察覺，就立刻快速向前逃跑，並旋轉身體，用腳挖沙，很快躲入沙中。兵蟹外出覓食時，一定會沿著柔軟的水邊前進，絕不會跑到乾燥或泥沙太硬的地方，以免面臨危險時束手無策。

Q-42 這是螃蟹的便便嗎？

A：非也！這是擬糞，是螃蟹吃過的沙團，不是便便！顧名思義，擬糞就是假的糞便。股窗蟹將含有食物的沙子在口中篩選，可以吃的有機碎屑才吞入肚中，不能吃的沙子從口中吐出來，一顆一顆，邊吃邊丟，好像糞便，所以稱為擬糞。食物經過消化道分解和吸收，最後從肛門出來的才叫糞便。

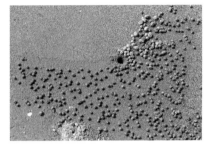

股窗蟹的擬糞。

◎螃蟹的擬糞

螃蟹的洞口旁常看到一粒粒小球般的沙球，分佈很均勻，有時還有特別形狀，最常見的是放射狀，這些都是螃蟹濾食過的擬糞。

退潮時，沙灘像個大濾網，水中許多小生物，如浮游性動植物、魚蝦的卵和幼蟲，都會被過濾在沙灘表面。所以退潮後常有成群的螃蟹和鳥類在沙灘活動，以這些小生物為食。螃蟹以洞口為中心，一邊走一邊用雙螯挖取沙子送入口中，可以吃的食物被篩選出來吃掉，剩下的沙團弄成丸狀，丟棄在後方，邊吃邊丟。

◎擬糞為什麼要弄成丸狀呢？

小螃蟹真聰明，這樣一來，吃過的就不會再撿來吃。其實，這些沙團和牠的口器結構及濾食效率有關，並不是牠刻意弄成丸狀的。漲潮後，水淹了進來，沙團被水一沖就散開了，海灘又恢復成一張大濾網。每天有二次漲、退潮，每天有吃不完的食物，所以螃蟹只要在洞口堆沙團，就可以快快長大，不用跑出洞口太遠的地方找食物，增加被捕食的風險。

小螃蟹很聰明，牠以洞口為中心點，輻射狀堆沙團，這樣既不用跑很遠，離洞口又近，吃的食物也不會減少，既安全又有效率。

Q-43 槍蝦為什麼叫槍蝦？

A：因為有一隻螯腳特別膨大，好像抓著一隻手槍一般，所以稱為槍蝦。

Q-44 槍蝦「打槍」為啥事？

A：既可以宣誓領域，又可以吸引異性前來交配。

◎認識槍蝦

　　槍蝦又稱為鼓蝦（Pistol shrimps or snapping shrimps）。退潮時，在礁岩或礫石海岸的潮間帶石塊下，常可聽到有點像彈指甲或打小鼓的「喀喀」聲，此起彼落，這些聲音就是一種具有大螯的鼓蝦科（Alpheidae）蝦類所發出的聲音，牠們會敲擊大螯發出這種聲音，所以稱為鼓蝦。因為兩隻螯足大小不等，有一隻膨大，好像拿著一

搬開石塊，二隻槍蝦躲在石下。

漁民抓槍蝦來釣魚。

把手槍似的，又會發出「喀喀」聲，好像在打槍一般，所以稱為槍蝦。

牠們的特徵是眼球不發達，且常被頭胸甲所覆蓋，第一對步足特化成大型的螯足，而且左右螯足不等。大螯除了可以攻擊及防禦之外，也可用來挖洞建造巢穴。

槍蝦成長後大都雌雄成對的居住在同一巢穴中，翻開石頭常可看一對。又因牠們的視力不佳，有許多較大型的種類常和蝦虎科的魚類同住在一個洞穴中，槍蝦負責搬沙挖洞，而蝦虎魚則藉其靈敏的視力負責在洞口守衛，保持警戒，當有敵人接近，蝦虎魚立刻躲入槍蝦所挖的洞穴中，而槍蝦這時也得到警訊，立刻鑽入洞中，這是雙方都有利的「互利共生」關係。

有些槍蝦還可以用作釣魚的活餌，澎湖有許多人在退潮時到海邊翻石頭抓槍蝦，當然，他們一定會先找「槍聲大作」地方。

桶子內用來釣魚的槍蝦。

Q-45 海蟑螂和蟑螂有親戚關係嗎？

A：八竿子打不著，沒什麼關係！海蟑螂屬於節肢動物門的甲殼綱，等腳目，海蟑螂科。蟑螂屬於節肢動物門的昆蟲綱，蜚蠊目（又稱為網翅目）。

◎海蟑螂不是蟑螂

一聽到海蟑螂，很多人或許會以為牠是生活在海裡的蟑螂，或是一種和蟑螂相近的昆蟲。實則不然，海蟑螂是甲殼類動物，和蟑螂沒有太多關係，只是因為外形、運動速度頗像小蟑螂，所以被稱為海蟑螂。牠有7對附肢，而昆蟲只有3對附肢。

海蟑螂不是蟑螂。

海蟑螂身體扁平，可長到4公分長，身體前端有一對黑溜溜的大複眼。牠們常在海邊高潮線附近活動，不會在海水中活動，但如果遇到危險，也可暫時潛入海水中。牠們活動迅速，在海邊礫石區、礁岩區、港口的碼頭及木樁上常可發現。也常生活在漁船上，以船為家，四海漂泊。食物是岩石上及水邊的有機物碎屑、小型生物和動物屍體，是海邊重要的清道夫。

海蟑螂有交配行為，在生殖季時，常可看見交配中的海蟑螂，雌雄重疊在一起，一同活動。雌性海蟑螂在腹部具有卵囊，受精卵在卵囊中直接孵化成小個體，牠們已沒有在海水中的浮游性幼生期。

註：海蟑螂【*Ligia exotica*（Roux）】，屬於節肢動物門的甲殼綱，等腳目，海蟑螂科（Ligiidae）。蟑螂屬於節肢動物門的昆蟲綱，蜚蠊目（又稱為網翅目）。

遇到危險時，如果卵囊中的小海蟑螂已經有活動能力，母親在危急中會釋放出數十隻的「早產兒」，讓牠們安全逃跑，充分展現母愛的光輝。

海蟑螂是魚類很喜歡的食物，但在平時，魚類是吃不到牠們的，因為牠們非常機警、活動迅速，又只在沒水的高潮區活動。牠們對天氣的改變非常敏銳，風浪一大，就躲在安全的岩縫中。

海蟑螂除了具有清道夫的功能外，漁民及釣客也常用活的海蟑螂當釣餌，但海蟑螂很難用手抓到，縱然抓到了，也已把牠們壓死或壓碎。漁民抓海蟑螂的方法很特別，叫做「掃海蟑螂」。因為數量很多又喜歡成群活動，所以用長柄的軟掃帚來掃，把牠們掃到滑溜溜的塑膠桶中，爬不出來，既方便又有效率，又不會傷害牠們。

岩石上成群的海蟑螂。

豆形拳蟹的假交配（上面那隻小的是公的）。

Q-46 無脊椎動物是公的大？還是母的？

A：對一次產很多卵的無脊椎動物而言，通常是母的個體較大。母的身體較大可以產更多的卵、生更多小寶寶，增加和拓展種族繁衍的機會。

Q-47 公的可以不用長太大，怎麼說呢？

A：卵子的體積可以是精子的數千到數萬倍，少量的精子就可以讓大量的卵受精，精子太多還會造成雙重受精或多重受精，使得胚胎無法正常發育。

◎各類動物的體型，男女有別

對人類來說，男性通常長得比女性高大。其他陸生哺乳類也有類似情況，例如，公獅子也是比母獅子大了許多。

蟾蜍的假交配（上面那隻小的是公的）。

「其他動物是不是也是如此啊？」

答案是否定的，尤其是較簡單或原始的動物（我不喜歡用高等或低等這個字眼），情況剛好相反，母的通常長得比公的大。螃蟹和青蛙就是很好的例子。

螃蟹生殖時有假交配的行為，雄蟹會抱在雌蟹背上，讓雌蟹背著跑，有時一背就是數天，當雌蟹的卵成熟時，雄蟹再排精子，達到受精的目的。這種行為不是真正的交配行為，也不是進行體內受精，而是體外受精，過程好像是交配行為，所以稱為「假交配」。

而為什麼雄蟹會小一些？在生物的演化和適應上有什麼樣的意義？

仔細想一想，答案有好幾個。第一，雄蟹如果長太大，雌蟹背得動嗎？答案當然是否定的。第二，當雄蟹抱住雌蟹時，雄蟹還能自由行動去找食物吃嗎？還吃得到足夠的食物嗎？胖得起來嗎？答案也是否定的。第三個原因最重要，雌蟹會生很多卵，而雄蟹只排出少量的精子。卵的體積是精子的數千到數萬倍，少量的精子就可以讓大量的卵受精，所以雄性不必長太大。如果雌蟹的體型小，所生的卵數將減少；體型大，將可以生更多後代。不僅螃蟹如此，許多海洋無脊椎動物也有類似情形，例如，海星和海膽。

飛白楓海星的假交配（上面那隻小的是公的）。

Q-48 為什麼沙岸較少發現寄居蟹？

A：第一，寄居蟹背著重重的貝殼，在沙地上爬起來好辛苦。不信的話，你扛一個背包到沙地上走走看！

第二，寄居蟹是要換殼的，沙岸的空貝殼很少，如果有，大多被埋在沙子中，寄居蟹找不到！

你想還有其他原因嗎？如果有，請告訴我！

◎生物的適應機制

適應是生態學的一個大課題，生物大多無法改變環境，只能改變自己生理結構去適應環境。寄居蟹在河口生活，食物不是問題，因為海邊也有許多食性相同的螃蟹。牠也不用擔心天敵，因為牠有貝殼保護（如果牠找得到）。但是，河口的生態環境是牠無法改變的，特別是沙子，沙子軟軟的，隨水流移動。寄居蟹背負著重殼在這裡行走將是非常辛苦的，這是造成牠們無法在沙地大量出現的主要原因。

河口區的貝殼大多是小型貝類，殼高很少超過二公分，貝殼太小，這也限制了寄居蟹的種類。如果有空貝殼，在河口區很容易就被沙子埋掉，寄居蟹無法找到空的貝殼，這是第二個限制原因。

河口區的寄居蟹。

我們在大自然所看到的特殊現象都只是結果，這些有趣的結果後面常隱藏一些原因，科學的一個目的就是探究這些原因，解釋這些結果。

同理，能夠在河口的沙地上出現的少數寄居蟹可能有牠特殊的生理構造，值得我們進一步去觀察和比較。各位大朋友和小朋友，您有興趣嗎？這個問題很可能是中小學科學展覽比賽中一個有創造力、又有趣的題目呢！

Q-49寄居蟹會為了找殼而殺死貝殼嗎？

A：寄居蟹不會為了找大一點的房子而殺死螺類。海中的螺類大多有個堅硬的口蓋。當螺類一縮入殼中，用口蓋封住殼口，寄居蟹對牠就莫可奈何了。如果要換殼，牠只好找空殼。我倒是在實驗室的水族缸內發現，不同種類的寄居蟹會互相攻擊，輸的一方最後被吃掉，房子也被沒收了。

可惜沙地上貝殼的種類不多，而且多是小型殼，空殼大多被沙子掩埋了，所以我們在沙地上也很少發現寄居蟹。

沙地上的寄居蟹。

Q-50 這是插在地上的小皮管嗎？

A：非也！這是一種管蟲的蟲管！

Q-51 什麼是管蟲呀？

A：牠屬於環節動物門，和蚯蚓、吸血蛭同屬於一個動物門。

一種多毛類的蟲管。

◎認識管蟲

河口沙灘上常有一隻隻皮革質的小管子，每隻伸出水面的長度約3公分，這是一種多毛類住的管子（環節動物門，多毛綱），這種多毛類稱為燐蟲。管子周圍掉落的糞團是牠的排泄物。漲潮時，燐蟲頭部會伸出管子，在管口附近覓食，食物是水中漂來的有機食物。退潮時，動物縮回管內休息。

為什麼沙灘會出現這些管蟲呢？這又要從生物的適應和演化談起。沙地漂動的沙限制了許多生物的出現，生物想要生存在沙地，第一個方法是挖洞住在沙地中，但住在地道中所獲得的食物有限，因為食物大多出現在水層中。因此，在演化的過程中，管蟲發展出伸入水中的管子，牠用分泌的黏液裹住細沙，編織成一條蟲管，伸入水中，以獲得更多的食物和氧氣。這是為因應在沙地中生活所發展的一種生存策略，所以這類管蟲能夠出現在沙地上。

既然管子具有保護和獲得食物的功能，那長得硬硬的不是好一點嗎？為什麼管蟲要作軟軟的、富有彈性的管子？那是因為如果長得硬硬的，會很容易被海浪打斷。相反的，如果軟軟的、具有韌性，可以隨水流擺動，那是不容易被弄斷的。所以在演化的過程中，這種作軟管的管蟲可以在沙地上生存。

另一種多毛類的蟲管被水沖到岸邊。

Q-52水母為何要倒立？

A：因為牠的腹部組織內有很多共生性的單細胞藻類（簡稱為共生藻），可以行光合作用製造養料，供水母利用。所以牠要翻過來作「日光浴」。

Q-53這不是和造礁珊瑚一樣嗎？

A：沒錯！

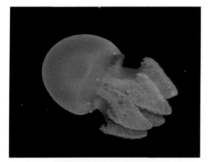

水族箱中一種具共生藻的倒立水母。

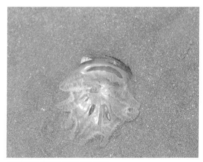

退潮時困在水灘中的水母。

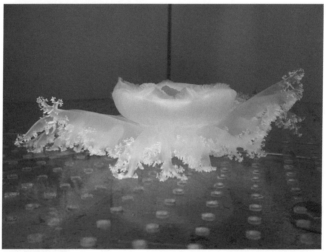

正在倒立的水母。

Q-54 那這種水母也會白化囉？

A：沒錯！當光線不夠，牠就會失去共生藻，漸漸變成白色。

◎海洋生物體內的共生藻

其實有非常多海洋生物體內都有共生藻，幫助牠們獲得養料，最有名的就是會形成珊瑚礁的造礁性珊瑚。科學家們還發現，共生藻提供了宿主百分之八十以上的養份，如果沒有共生藻，許多宿主都無法生存。

共生藻和寄主的關係是互利共生，寄主提供棲所和含氮的代謝廢物給共生藻利用，而共生藻就直接利用光合作用將這些代謝廢物製造成醣類，並且回報給宿主，這是雙方都有利的共生關係，所以稱為「互利共生」。

有共生藻的動物尚有海葵、硨磲貝、海綿等，但並不是每種這類生物都有共生藻，只有部份種類有共生藻。而且共生藻有好幾種，不同生物可能有不同的共生藻，但也有多種生物同時擁有同種的共生藻。

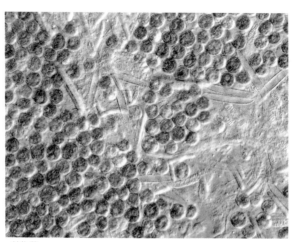

共生藻。

Q-55你是貝類嗎？

A：不是！我叫海豆芽。

Q-56怎麼長得那麼像貝類啊？

A：其實只有兩片殼像而已，內臟一點也不像！上個世紀初期，動物學家還一直把我們當成是雙殼貝（軟體動物門）呢！

◎出現在奧陶紀的活化石──海豆芽

乍聽、乍看之下，海豆芽好像是一棵生活在海底的小豆芽菜。因為牠的外形有些像一棵剛發芽，且長了兩片大子葉的豆芽菜，所以俗稱為海豆芽。其實海豆芽是一種動物。

海豆芽是很特別的一類海洋無脊椎動物，屬於腕足動物門。腕足動物全部生活在海洋中，附著在海底的岩石上或生活在沙地中。牠們最特別的地方是具有兩片殼，在上個世紀初期，動物學家還一直把牠們當成是雙殼貝（軟體動物門），後來發現牠們的內部結構、胚胎發育和軟體動物截然不同，才把牠們從軟體動物中獨立出來，成

海豆芽。

為新的一個動物門：腕足動物門。現存的腕足動物種類大約只有300種，但化石種類卻有三萬多種。它們出現在奧陶紀，泥盆紀達到繁盛的高峰。今天的海豆芽和奧陶紀時的種類在外型上幾乎沒有改變，所以稱牠們為「活化石」。

海豆芽生活在河口的泥灘地中，殼的下方有一條可伸縮的長柄，身體的重要器官全包在雙殼中。漲潮時，牠會把殼伸向洞口，微微張開，過濾水中的浮游生物及有機食物顆粒。遇到刺激或危險時，長柄會迅速收縮，把身體拉入泥中，深度可達40公分。

和軟體動物門的雙殼貝最大差別是：雙殼貝是用進水管來濾食水中生物及有機物，用出水管排出用過的海水及廢物；而海豆芽的殼內有兩片捲曲的濾食器官，稱為觸手冠。觸手冠上密佈纖毛，纖毛擺動會引入水流及食物，牠們沒有出水管和進水管，這是海豆芽和雙殼貝的主要差別。

海豆芽幾乎全部都是雌雄異體，精子及卵子分別被釋放到海水中受精。受精卵在水中發育成幼蟲，游泳數天之後，才下沉到海底行底棲性生活。

Q-57 如何分辨西施舌的洞？

A：看看圖片最清楚了！兩個洞相距約4~5公分，一大一小，一個是出水孔，一個是入水孔。

◎老師傅挖西施舌

西施舌的兩個小洞口。

西施舌是生活在河口附近沙地中的雙殼貝，體長可達10公分，有著紫紅色的貝殼，是餐桌上的佳餚。由於體型碩大，味道鮮美，已成為人工養殖的貝類，但野生種味道鮮美、更受喜愛。

想利用假日，帶著全家，到台灣西部海岸挖一鍋鮮美的野生西施舌，既可運動健身，又可打打牙祭嗎？建議您到彰化福寶試試手氣，並減減肥。

西施舌在退潮時躲在約40公分深的沙地中，普通人很難捕捉，因為牠藏得太深。有一回，一位老師傅教我挖西施舌，讓我大開眼界。他以這個行業謀生，我驚嘆他對於西施舌生活習性的瞭解，跟他學了數小時，頗有心得，在此圖文並茂，呈現給大家，希望各位的假日休閒，全家既健康又快樂。

西施舌埋藏在沙地中，漲潮時，牠會用斧狀肉足，爬到約10公分深的上層沙中，並伸出2條長長的水管到水面覓食。一條是入水管，吸取乾淨的海水，並過濾水中浮游性藻類來吃。另一條是出水管，用來排出廢水及代謝廢物。因此，牠藏身的沙

西施舌及其兩個小洞，大洞是入水孔，小洞是出水孔。

老阿公抓起一隻西施舌。

地上，有二個微妙的小孔，二個孔相距約5公分，這二個小孔就是牠的出、入水孔的管道。在這二個小孔之間，您垂直地向下挖，大約挖個40公分到50公分深，就可以挖到一個肥大的野生西施舌。看起來似乎很簡單，其實不然，第一次最好有老手帶，或向現場的老漁民請教。

「工欲善其事，必先利其器」，建議您帶一隻特製尖嘴的大鋤頭，十字鎬也可以，把十字鎬鐵片對準兩孔之間，利用全身的重量，將鐵鎬壓入沙中，深度最少要40公分，再用十字鎬將沙子頂起，挖出一個深深的小坑，再伸手往40-50公分深處摸索，您就可以輕易抓到一個了！容易吧！不過您先得學會判定那兩個小孔。

挖西施舌要跪著「運動」，建議您穿著短褲，記得要戴頂遮陽帽，並攜帶足夠的飲用水。新鮮的西施舌要經過吐沙的過程，將體內的沙子吐出，記得用保特瓶帶一瓶乾淨的海水回來，或用鹽水讓牠吐沙3小時。

Q-58如何分辨竹蟶的洞？

A：看看圖片最清楚了！水灘中一個啞鈴形的小洞。

◎漁民的智慧──戳竹蟶

　　竹蟶是一種二枚貝，二片狹長的貝殼包在一起，好像一根竹管，長度大約只有6-7公分。牠們生活在河口的泥沙地中，直直地埋在約15公分深的沙中。漲潮時。牠們會移到沙地的表面處，吸入大量的海水，濾食其中的小生物及有機物碎屑。退潮時，牠們會躲入沙中，在沙地上留下一個小洞，靜靜地等待下一次潮水，再到沙地上層濾食水中的浮游性藻類及有機碎屑。

　　竹蟶是鮮美的海產，因為不容易捕捉，所以價格非常昂貴。南部有少數漁民專門以抓竹蟶來謀生，他們稱之為「戳竹蟶」。

　　在退潮時，他們用一把小鏟子在河口沙地上輕輕探插，竹蟶的洞口因為有外力擠壓，驚動到洞內的竹蟶，所以會有一股小水流由洞

竹蟶的啞鈴形洞口。

二隻竹蟶。　　　　　　　　　　　　鐵絲刺穿竹蟶。

口冒出來，於是漁民就知道洞內有一隻竹蟶。

　　他們用特製的小鐵絲快速地插入洞中，鐵絲會穿透竹蟶竹管狀的身體，鐵絲的末端有一倒鉤，收回來時倒鉤剛好鉤住貝殼，將牠們由洞口拉出，完成了捕捉過程。

　　以前我一直採集不到竹蟶標本，因為不知道牠們的生活習性及棲息地。有一次在嘉義布袋的八掌溪口，親身體驗了漁民抓竹蟶的過程，真是嘆為觀止，三五漁民彎著腰，辛勤地在沙地上戳探，一次潮水可以抓上千隻，而且手感奇佳，幾乎每戳必中。竹蟶的貝殼很薄，太用力戳，貝殼就被戳破了，失去了價值。戳竹蟶時，要剛好貫穿竹蟶的貝管，才不會弄破。我試了幾次，成功的比率只有十分之一。

　　一直猜不透，到底是誰先想到用這種聰明的方法來戳竹蟶，這需

要對這種動物的棲地及生活習性十分瞭解。我有十多年的野外研究採集經驗，卻苦於無法採到竹蟶標本，這次的經驗，讓我見識到老一輩漁民的智慧，以及經驗傳承的重要。

一簍竹蟶。

老婦戳竹蟶。

Q-59如何分辨蝦猴的洞？

A：看看圖片最清楚了！蝦猴的洞口，比一般的螃蟹洞小，直徑約0.5公分，微微凸起，泥質比較堅硬，因為牠住在洞穴中，每天要上來洞口找東西吃，太鬆動的沙子不適合挖洞居住。

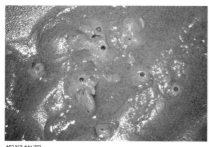

蝦猴的洞。

六隻蝦猴。

◎充滿歡笑聲的「攏蝦猴」（台語）

炎炎夏日，又是週休二日，去那裡既又可遠離都市的塵囂？又可以全家出動，達到健身與郊遊的目的？更可以讓孩子達到戶外自然生態教學的目的？台中有這樣的地方嗎？

台灣西部海域主要是沙質海岸，潮間帶寬廣，每月農曆初一或十五左右的大退潮，潮間帶寬達數百公尺，是郊遊、運動、親子戶外教學的最好地方。今天介紹大家去彰化縣伸港鄉的大肚溪口「攏蝦猴」，除了親自體驗「攏蝦猴」的樂趣外，並介紹漁民如何靠這項副業謀生，並且為大家介紹蝦猴的生活及生態特性。

車子過了中彰大橋後，就是彰化縣伸港鄉，建議您沿著海邊的產業道路向南開，這裡主要是大肚溪口南岸。每逢農曆初一、十五左右的大退潮，每天都有許多漁民在這裡「攏蝦猴」，更有許多老師帶著學生，或家長帶著全家老、中、少三代，在此玩得全身污泥，但歡笑聲此起彼落，驚嘆聲不絕於耳，海灘上處處充滿歡笑聲！

當您找到適當地點後，不妨先向海邊看看，是否潮間帶有許多輛鐵牛車停在沙地上，並且有陣陣抽水馬達聲，如果有，那八成就是漁民在「攏蝦猴」了，您就可以準備下去湊湊熱鬧，來一趟感性與知性之旅。建議您攜帶的工具是圓鍬1~2兩支，水桶1個，穿防滑鞋（或其他較輕便的布鞋），以免被牡蠣、藤壺或海邊碎玻璃割傷。並記得用2.5公升的空保特瓶攜帶幾瓶淡水，上岸時可以清洗腳上的沙子，以免弄髒您的愛車。

蝦猴主要生活在海邊多沙的泥地下，牠們會挖一條條深深長長的地道，住在沙地中。在漲潮時，牠們會沿著管子爬到洞口附近，撈取洞口附近及水中的小生物及食物顆粒來吃。退潮時，牠們就躲在深深的洞穴內休息，深可達半公尺，等待下一次漲潮。

蝦猴是彰化、鹿港一帶老饕們的最愛，特別是在每年秋、冬之際，母蝦猴也和蝦子、螃蟹一樣，身上有許多「蟹黃」（發育中的卵），所以有許多漁民以採捕蝦猴為業。

祖先的智慧及對大自然生物特性的瞭解，可以由抓蝦猴的技巧中看出來。蝦猴游泳能力非常弱，牠們長期躲在沙子中，受到周圍沙子的保護，水流太強或流動的泥沙都不是牠們能適應的環境。

牠們躲在深達半公尺的沙地中，漁民是如何抓牠們的？

這就要從鐵牛車和抽水馬達談起。漁民用鐵牛車載著一台台抽水馬達，馬達接上長長的水管，水管末端再接上一小段硬塑膠管。他們用硬塑膠管插入泥沙中，用抽水馬達灌入強勁水柱，使得蝦猴的洞穴內突然來了一陣「土石流」，便紛紛被沖到沙地表面。到了地面後，蝦猴英雄無用武之地，行動笨拙，便一隻隻被抓進網子中。

海邊那麼大，漁民怎麼知道蝦猴躲在那裡？這要歸功於漁民經驗累積及野外觀察的智慧。蝦猴的洞口，會有一些泥質，比較堅硬，因為牠每天要上來找東西吃。漁民認得這種洞穴，它比螃蟹的洞穴小。因此，只要這種特殊的洞穴一多，漁民就知道下面有很多蝦猴，鐵牛車就停在附近，開始灌水抓蝦猴。您可以在旁邊仔細觀賞，保證讓您驚嘆不已，收獲良多。

載馬達的鐵牛車。

用水將蝦猴沖出來。

人工攏蝦猴。

　　在灌蝦猴的同時，許多生活在沙地中的生物也會被沖出來，所以您同時也可以觀察到各種沙地中的生物，這些生物平常任您用鏟子圓鍬挖個半死，也挖不到。最特別的是，許多海鳥也在附近爭食被水灌出來的生物，所以您一次可以觀察到許多海邊生物和鳥類。

　　如果您想運動，嘗試這種樂趣，可以在附近挑選一塊有許多蝦猴洞的沙地，面積大約是2公尺乘2公尺。用鏟子在中間開始挖，然後把挖出的泥土圍在旁邊。開始挖的時候，中間就會有水滲出來，您一邊挖一邊踩踏，挖的深度要有半公尺深。

　　踩踏的作用是讓泥沙和著海水，**讓海水混濁**。如此這般辛勤工作半小時之後，大概也挖了一個大坑洞，這時就可以發現蝦猴受不了污濁的泥沙，一隻隻開始在水面爬行，您就可以將牠們手到擒來。有人曾經在這樣面積的沙地上，抓了近1公斤的蝦猴，數量之多，令人咋舌。這就是克難式的「攏蝦猴」，全家一起來，保證讓你全家回味無窮，又可以達到瘦身的效果。不過，當您運動完畢後，要記得

攏蝦猴後留下的坑洞。

將坑洞填平，恢復原狀。

　　為什麼「攏蝦猴」時，蝦猴會紛紛爬出來？這是因為牠們也和蝦蟹一樣，要用鰓來呼吸，海水被弄髒了，牠們的呼吸變得不順暢，於是紛紛向上爬，以尋找乾淨的海水。

　　這樣的活動是否會虐待動物？只要您小心注意，不要傷及無辜，不要把牠們抓回家，更不要有抓來吃的歹念，帶著您的孩子及鄰居好友，做一個完整的生態教育之旅，總比您去打小白球、唱卡拉OK，把小孩留在家中看卡通來的健康吧！每一種野外自然活動都一定會對大自然及動、植物

一小籃蝦猴。

有或多或少的影響，但是我們一定要在活動的過程中，給予大人及小孩再教育，讓他們認識自然、疼惜自然。雖然這種活動對生物會有些微的影響，但是您在開車前往海邊的時候，會看到沿海的嚴重污染及破壞，您將會想到每天每個家庭排放的廢水、垃圾對大自然有多麼無情的傷害，而這種傷害，我們每分每秒都不知不覺地做著。透過這樣的活動及思考，如果您是大企業的老闆，而且曾經對台灣環境有過破壞，您或許會有一些內疚、反省及思考。畢竟您只會在這塊土地上生活數十年，可是您的子孫將在這裡生生世世。如果我們這麼不瞭解及疼惜這塊土地，我們的孩子能在這裡繼續生存嗎？

一籃籃的蝦猴。

Q-60 彈塗魚的眼睛為什麼會長在頭頂上？

A：動腦先想一想！和河口區的水生態可能很有關係！

河口的水較濁，水中能見度不高，彈塗魚的天敵有鳥類，食物則是水邊昆蟲。眼睛長在頭頂上像潛水艇伸出水面的潛望鏡，可清礎的看見食物和天敵，比長在兩側好處多多！

生活於河口濁水中的彈塗魚。

彈塗魚的眼睛就像潛望鏡一樣。

◎眼睛像潛望鏡的彈塗魚

雖然彈塗魚的體長很少超過10公分，但卻是非常兇悍的捕食者，牠們吃泥灘地上的蜘蛛、昆蟲、水中的端腳類、橈腳類、泥沙中的蠕蟲類、及其它甲殼類的幼生。

看牠在泥灘中活蹦亂跳，不時揚起、擺動牠的背鰭，就可以知道牠的攻擊性。胸鰭有爬行、跳躍及游泳的功能。

彈塗魚有一雙很特別的眼睛，眼睛長在頭頂上，圓滾滾的，還可360度轉動。

但是為什麼彈塗魚的眼睛會長在頭頂上？

因為彈塗魚生活在泥灘地，退潮時才出來活動及覓食，這裡海水相當混濁，如果眼睛的位置和一般魚類沒有差別，在水中能見度實在有限。如果眼睛長在頭頂上，又可揚出水面，居高臨下，既看得見空中的鳥類天敵，又可看清楚水中的獵物。在河口平緩的水潭中，這樣的眼睛有又高又寬廣的視野。此外，當牠躲在水潭中時，還可以露出雙眼，好像潛水艇的潛望鏡自水中伸出，觀察四周環境以保持警戒。彈塗魚的最大天敵是海邊的鳥類，一遇到危險，牠會快速鑽入泥沙或洞穴中。

Q-61 為什麼沙錢長的扁扁的？

A：動腦想一想，答案是：長得扁扁的，在沙地上行走，才不會陷下去啊！

扁扁的身體可以貼在沙地上，以減少浪的衝擊。在沙地上沒有岩石可以吸附，如果沙錢像岩礁區的海膽長的圓圓胖胖的，浪一打，牠就會在海底翻筋斗，肯定是活不下來的。

相同的道理，這也就是為什麼沙灘鞋鞋面又大又輕，雪靴也是又大又輕的緣故，因為相同重量（質量）的東西放在地上，貼在地上的表面積愈大，則單位面積的重量愈小。

◎認識沙錢

　沙錢（Sand dollar）其實是一類海膽的俗稱，也稱為沙幣海膽。因為這類海膽長得扁扁的，而且生活在沙地上，好像是掉落在沙灘上的錢幣一般，所以西方人俗稱牠們為「沙錢」。因為牠們長得薄薄一片，像一片餅乾很容易被咬碎一樣，所以也有人稱這類薄海膽為餅乾海膽。沙錢的嘴巴長在身體中央，在靠近海底的那一面（稱為腹面），而肛門長在身體的側緣，這類海膽我們稱為歪形海膽。而其他常見的圓球形海膽的肛門卻是長在球形身體的正上方，和嘴巴相對，這類海膽稱為正形海膽。

　一般海膽的刺都很長，用來挖洞或將自己緊緊地卡在岩洞中，保護身體。可是沙錢的刺卻非常短小，已經沒有防禦或挖岩洞的功用，這些小刺主要是用來在沙地上移動及潛入沙中。牠們生活在多沙的海底，白天躲在沙中，晚上才出來找東西吃。生活在潮間帶的沙錢則是在漲潮及晚上的時候才出來覓食，退潮時則潛入沙中躲藏。牠們會斜斜地插在海底沙地上，用細刺攔阻海水中的食物顆粒。沙錢的主要食物是海水及沙地中的浮游生物、有機物碎屑、動物屍體或藻類碎片。有些沙錢的身上有五個孔，海洋生物學家發現

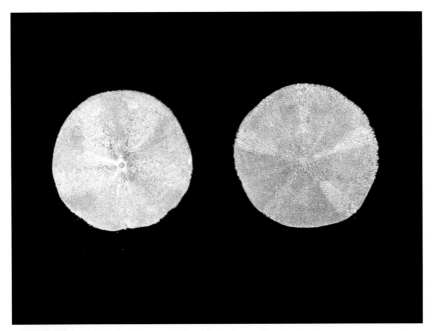

扁平蛛網海膽。

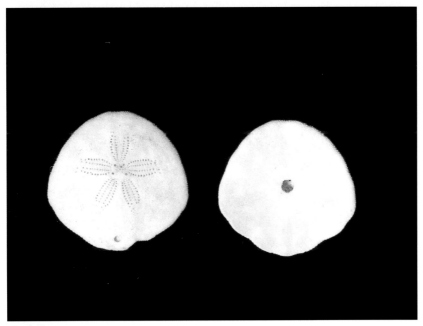

馬氏海錢。

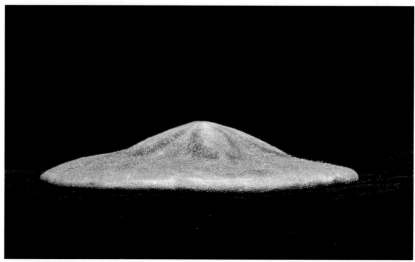

沙錢扁平的身體。

這五個穿孔可以增加牠們過濾水中食物的速率。

　　沙錢有成群聚集的習性，有些種類的密度每平方公尺可高達1200隻，海洋生物學家發現沙錢聚集的好處是：可以增加濾食海水中浮游生物及食物顆粒的效率。因為群聚在一起會讓平坦的沙地變得崎嶇不平，海水流過，容易捲起沙地上的食物顆粒。海底水流的速度也因此決定了沙錢的族群密度，在牠們可忍受的範圍內，水流速度愈高，族群密度愈大。沙錢在夏天時密度較高，冬天較低，這可能是夏季海邊的風浪較小，聚集的族群不容易受到風浪影響。另一個重要的原因是生殖，沙錢在夏天生殖，牠們必須進行體外受精，族群若聚在一起，精子和卵子成功受精的機會較大。

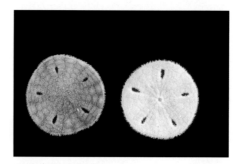

有些種類有五個裂孔。

Q-62 星蟲是什麼樣的動物？

A：星蟲是一類海洋底棲性無脊椎動物，自成一門，稱為星蟲動物門，軟軟的身體，沒有骨骼，像蠕蟲般鑽動，全世界目前只記錄約320種左右，有些種類生活在沙地中，有些鑽在岩石中。

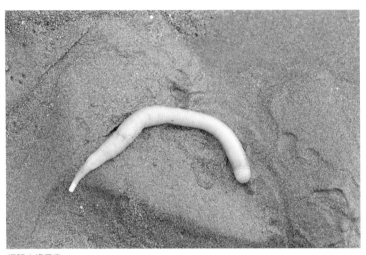

裸體方格星蟲。

◎肛門長在背上的星蟲

星蟲是一類海洋底棲性無脊椎動物，自成一門稱為星蟲動物門，全世界目前已記錄約320種左右，大多生活在淺海沿岸的沙地中或岩縫中。

身體一般呈長圓柱形，體長多在10公分以下，身體分成吻部與軀幹二部分，動物收縮時，整個身體收縮像極了一粒花生米，所以西方人俗稱星蟲為花生米蟲。

身體前端是吻部，長短不一，可縮入體內，吻的表面上長有刺、鉤或乳突，以利於星蟲在沙地中行動，吻的最前端是嘴巴。生活在

岩縫內的一些種類，軀幹前端加厚形成一個硬楯，當吻縮入體內時，這個硬楯可以堵塞吻出入的開口。

星蟲特別的地方是：肛門不是長在軀幹的末端，而是在軀幹部前端，靠背部的中線上，所以我們可以理解牠的腸子是U字型。

星蟲以海底或礁岩上的沉積性有機物為食，屬於沉積取食者，靠吻及末端的觸手收集沉積物。星蟲沒有呼吸系統，氣體交換直接透過體壁來進行，所以星蟲也是完全生活在水中。

星蟲類為雌雄異體，雌性及雄性將分別將卵子及精子分別排放到海水中，完成體外受精作用，受精卵在海水中發育一段時間之後，經過擔輪幼蟲期，再發生變態並沉入海底，長成一隻小星蟲。

星蟲的體盤、神經、排泄及胚胎發育過程和環節動物很相近，雖然體型和環節動物頗相似，但身體不像環節動物有分節現象。所以一般學者認為牠是環節動物在出現分節之前就已分出的一支，獨自演化而來。

星蟲已經被開發成珍貴的海鮮佳餚。有一次我去金門作研究，在餐廳吃到星蟲，內臟清除之後，顏色鮮白，和豆芽一起炒，加些韭菜，爽口異常。老闆告訴我，金門和大陸沿岸盛產星蟲，所以開發成海鮮，但因為全要靠人工挖掘，非常辛苦，所以價格並不便宜，老闆也告訴我，其實中國人早就將星蟲曬乾製成中藥，中藥舖很常見，但他並不知道療效。

在台灣沿海，由於受到污染，星蟲數量已經不多，挖海蟲釣客偶爾挖到幾隻，充當釣餌。其實星蟲是很好的教學材料，因牠代表一個獨立的動物門，體長可以長到20公分長，容易觀察。特別是牠身上的環肌和縱肌非常明顯，在講解無脊椎動物運動肌肉協調時，牠是最佳材料。

Q-63 星蟲如何鑽沙？
（環肌和縱肌如何協調運動？）

A：先看看這幾張連續的圖，再動腦想一想！

先找到縱肌和環肌吧！看到縱肌和環肌了沒？

縱肌拉長，橫肌收縮，身體變細，頭部伸入沙地中。縱肌縮短，橫肌放鬆，身體變粗，將後端往前拉。重覆這種動作，就可將身體鑽入沙地中。

1. 左端細的是頭，右端粗的是尾。請先找到縱肌和環肌，一條一條的是縱肌，一圈一圈的是環肌。
2. 「第一步，縱肌放鬆拉長，星蟲身體拉長。這時環肌收縮，身體變細。星蟲頭部可以向前伸出，鑽入沙中。」
3. 哇！頭已經鑽進沙中了！
4. 哇！已經鑽得更進去了！
5. 「第二步，縱肌收縮變短，星蟲身體變短。這時環肌放鬆，身體變粗。星蟲尾部拉回來。」
6. 哇！已經快要全部都鑽進去了！。

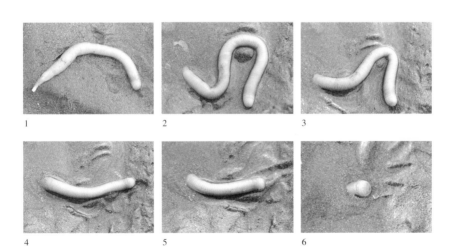

1　　　2　　　3

4　　　5　　　6

Q1-64 海瓜子生活在哪裡？

A：這還用問嗎？二枚貝大多生活在沙地上嘛！例如文蛤、西施舌等。這個可不是標準答案，我也沒有想到牠們竟然會生活在礫石區！大大出乎我的意料！

◎如何挖海瓜子？

誰會知道海瓜子就藏在石縫間？

研究海洋生物十多年，只知道海瓜子數量很多，從來都不知道牠生活在那裏，一直以為是在水深10~20公尺左右的沙地，漁民如何大量採集呢？用拖網還是潛水採集？這問題一直困惑著我。

海瓜子是一種雙殼貝，殼長大約3~4公分，薄薄的殼有各種顏色及花紋，從白色、灰色到棕色。每次到漁市場，我都會買一斤回來，100元左右，煮薑湯或炒九層塔，肉質鮮美。

今年一月，問題終於有了解答。有一次在高美濕地看到漁民挖海瓜子，才恍然大悟，原來牠生活在潮間帶礫石區，這種地方漁網無法作業，完全要用人工採集，不需潛水，難怪牠的價錢不便宜。

採海瓜子是辛苦的工作，礫石堆上長滿刺人的藤壺和牡蠣，海瓜子就藏在礫石間的沙地中。必須在礫石堆上尋找、挖掘，彎著腰，蹲在礫石堆中工作。

採海瓜子的工具很簡單，一隻螺絲起子或鑿子，一雙麻布手套就足夠了。戴著手套，將上面的礫石搬開，以免刮傷手臂，用尖鑿子或螺絲起子在沙子中戮刺撥弄，找尋淺埋在沙中的

台中縣的高美礫石區是海瓜子的棲地。

海瓜子。

　　牠們喜歡躲在約2公分深的沙地中，被鑿子碰到後，會被翻到地面，或噴出一股小水柱，雖然牠的殼上仍沾滿沙子，但眼明手快的漁民一眼便認得牠，隨手一撿一扔，就把牠丟到身旁的竹籃子中。漁民經驗豐富，技術熟練，一個潮次挖五、六斤也不足為奇。最讓我驚訝的是，他們對牠的棲息地非常瞭解，一眼便看出沙地中海瓜子數量多寡。我嘗試了一下，十分鐘才挖了3個，工具不對固然是原因，「專業知識」不如他們是才是關鍵。台灣西海岸這種礫石區環境不多，能提供的海瓜子數量應該有限，但市面上販售的海瓜子很多，我推測這些可能是由海峽對岸「進口」而來。

礫石之間的3個海瓜子被我們挖了出來。

　　為什麼海瓜子要躲在礫石區的沙地中？附近有大片沙地，都可以躲藏，為何對礫石區情有獨鍾？可能是這裏的環境較穩定，沙子不會被風浪或海流移位，適合牠們生存。如果完全是沙地，沒有礫石保護，颱風所引起的風浪，會很輕易將沙子搬動，這或許是海瓜子生活在這裏的原因之一。

　　和其他雙殼貝一樣，海瓜子也是終生生活在沙地中，用一條出水管和另一條入水管來獲得海水中的食物和排除廢物，食物主要是水生浮游性藻類和有機性食物顆粒。因此，海瓜子也大多生活在河口附近，這裡營養鹽豐富，水中有足夠的藻類。

　　找一個假日，準備好遮陽帽、手套、布鞋、螺絲起子或鑿子等工具，找幾個親朋好友，到大甲溪出海口的高美灘地，沿著河堤的礫石堆向低潮線走去，大約向海走個二十分鐘，您或許可以看到幾個婦人蹲在礫石區挖東西，她們八成是在挖海瓜子，你也可以共襄盛舉，她們是老手，跟著她們挖，準沒錯。剛開始可能不太習慣，慢慢就會順手，雖然是生手，一個潮次挖一兩公斤應該不是問題。

　　挖海瓜子是很好的健身運動，首先，你必須在礫石區走上大半個小時，在中低潮線附近才有，第二，你必須蹲在地上一邊搬石塊一邊挖，相當辛苦。

　　新手上路一定要注意安全，首先要確定當天潮水，在最低潮的前二個小時到達目的地，要有老手陪伴，或跟著漁民一起行動。小朋友不適合在礫石區活動，藤壺和牡蠣極容易割傷他們，他們只能在附近沙灘上挖文蛤，抓螃蟹。這是假日很健康的休閒活動。

　　「海瓜子會不會被挖光啊？！」，別擔心，牠是藏在沙中，不是露在外面，數量減少時，就不容易挖到，大家也就不願意來挖，族群就可休養生息，慢慢恢復，所以我不擔心會被挖完。只要棲息地不受破壞及污染，牠們就會很快恢復數量，這就是我一直在強調的「生物資源是再生性資源」，只要不破壞及污染，子孫就永遠有這種資源可以使用。

　　不要貪得無厭，半公斤到一公斤，補貼一點油錢就好。剛抓的海瓜子體內有很多沙子，回來後，記得用鹽水讓牠吐沙一小時，再行烹煮。

　　第一次去海邊，記得有老手帶領，算好潮水，沿著礫石區行動。台灣西海岸潮間帶寬廣，對海況及潮水不瞭解，容易發生意外，海邊活動，潮汐及海況為第一考量，安全第一。如果水性不好，不妨只沿著海邊走，帶著孩子，欣賞西海岸風土民情，來一個健康的生態之旅。

一位漁民在挖海瓜子。

Q-65 鰻魚苗是怎麼抓的？

A：中部的河口區是架設固定的魚網、利用漲退潮來圍捕。南部地區則是用小船撈捕，或在岸邊用人工方式以手推網撈捕。

◎月黑風高的夜晚捕鰻仔

每年農曆11月開始，是捕鰻仔的季節，鰻仔又稱為鰻線或鰻苗。

捕鰻仔的固定漁網。

鰻魚生活在淡水，生殖時，成鰻會經由河口回到海洋交配產卵，魚卵在海中孵化，鰻苗再由河口回到河川生活，河口是牠們生命的臍帶，關係著牠們的生存。

鰻魚在海洋中的交配及產卵地仍是個謎，科學家還不知成鰻在海洋的那一個腳落交配、產卵。

每年農曆11月開始，成群的鰻苗會利用黑夜，乘著河口的潮水，向河川游去，漁民利用幼鰻返鄉的機會，在此設網捕捉，為寂靜的河口增添幾許人文的景觀。

雖然台灣的養殖業很發達，但鰻魚的繁殖技術仍無法突破，全世界也是如此。鰻魚在內銷及外銷方面都有很好的市場，日本人喜愛燒烤鰻魚，蒲燒鰻很多人都吃過，鰻魚是外銷日本的重要漁產。

獲得鰻魚苗的方式非常原始，全靠人工捕捉，捕鰻仔也成為台灣西岸漁民的一項重要漁獲及副業。鰻苗的價錢隨當日捕獲量的多寡，一尾由10元到30元不等，差別頗大，運氣好，一日獲利上萬，運氣差，整月可能都會空手而回。

月黑風高的夜晚，刮著強勁的東北季風，鰻仔會一隻隻向河口游去，漁民在水道上架設大型口袋狀魚網，長度約五~六公尺。漲潮時，海水湧向河口，鰻仔乘海水而來，如果無法及時游進河口區，

牠們會隨著退潮再回到海洋，等待下一次漲潮，有些可能鑽在河口附近沙地中，利用下一次漲潮再向前推進。

突然要由海水到淡水中生活，鹽度

退潮時將網具綁好，漲潮再打開。

和溫度變化很大。因此，鰻仔通常都會在河口區停留一段時間，使生理狀況逐漸適應淡水生活，再游向上游，漁民也就是利用這段時間圍捕。

每隔約12個小時有一次漲、退潮，漁民會利用白天的退潮，將網具整理好，綁好固定，以免網具被強勁的東北季風吹壞。晚上的退潮一開始，他們會計算好潮水時間，穿著雨衣，帶著燈具，將網具張開，讓消退的潮水流過網具，捕捉鰻苗。晚上張網捕捉，白天收網固定。每天張網收網的時間不同，收入也不穩定。抓到的鰻苗賣給中盤商，再轉賣給養殖戶，在魚塭內人工飼養。

捕鰻仔是辛苦的行業，東北季風強勁寒冷，海水冰冷，又要在晚上工作，這項行業已逐漸式微，捕鰻仔的漁民多在50~70歲的年紀，年輕人多已不願從事這項辛苦行業。加上河口污染嚴重，再過幾年，野生鰻魚將會在台灣消失，這項傳統捕魚方式也將在台灣消失。

各位在餐桌上吃到一盤紅燒鰻魚時，是否知道整個捕捉到養殖的艱辛，是否瞭解鰻魚的生活史，是否知道河口與牠們的生存息息相關，及河川污染所帶給牠們的生存危機。

找一個週末，開著車，帶著小孩，到台中縣大甲溪口或大肚溪口，沿著海邊走，您將可以看到一個個偌大的魚網架在河口區，這些都是補鰻仔的網具。如果想看到鰻仔，那就只有利用晚上，帶著燈具，跟著漁民去現場看看。

Q-66牡蠣是如何養殖的？

A：聽說是一串串牡蠣空殼掛在水中養的。

Q-67為什麼掛牡蠣空殼就會長牡蠣呢？

A：因為媽媽的空殼能吸引牡蠣小寶寶前來附著。

海邊漂浮的竹子上附著的牡蠣。

◎喜歡住在媽媽身旁的牡蠣

　　河口兩側數公里的地方有許多牡蠣架，一種用塑膠管或竹子組成的浮架，水中掛著一串串牡蠣空殼。每一串有一條白色細塑膠繩穿過每一片空殼，一串有三、四十片殼。數百串掛在一個架上，垂入水中。從水中看，像個小叢林。

　　水中有千萬隻牡蠣幼蟲，每一隻正在找尋附著點，這個附著點和牠們下半輩子有著密切的關係。一旦附著之後，就終生無法移動，慢慢長出二片殼，緊緊黏在附著物上。往後吃住都和這個環境有關，如何能不小心謹慎。

　　附著之後，牠們靠過濾海水中的小型浮游藻類爲食。貝殼微微打開，不斷吸入海水中的食物。河口匯集許多由陸地而來的營養鹽，水中藻類大量繁殖，提供豐富的食物。但由於河口常有大量淡水流出，鹽度變化太大，牡蠣無法存活，所以河口兩側數公里遠比較適合牠們生活，也成爲理想的牡蠣養殖區。

　　台灣海域得天獨厚，牡蠣全年均可生殖，雌雄個體分別將卵子和精子排入水中，完成受精，受精卵在水中發育成爲幼蟲，準備找尋附著點。牡蠣幼蟲喜歡在父母親的殼上附著，殼有吸引幼蟲的特性。我們常看到牡蠣的殼黏成一團，原因就在這裏。

　　聰明的漁民注意到牡蠣這個特性，將空殼加以廢物利用，一串串空殼，是幼蟲最好的家。養牡蠣不像養魚蝦，養牡蠣不需投餌餵食，只要海洋不受污染，毋需施肥，毋需播種，只要將空殼一串串掛在水中，我們就有肥美的牡蠣來作「蚵仔煎」、「蚵仔ㄅㄟ」、「蚵仔麵線」及「蚵仔酸荣湯」。

人工養殖的牡蠣架。

Q-68 牡蠣有哪些天敵？

A：在台灣，牡蠣的兩大天敵是蚵岩螺和扁蟲（海生渦蟲）。

正在吃牡蠣的蚵岩螺。

◎蚵岩螺和扁蟲如何吃牡蠣

　　蚵岩螺會利用齒舌和分泌的液體，將牡蠣的貝殼穿一個小孔，然後從小孔中伸入嘴巴（長吻），利用齒舌銼食貝肉。在台灣西岸、大陸廣東和福建沿海，蚵岩螺對於牡蠣造成很大危害。像蚵岩螺這類骨螺類，西方人因其捕食方式特別，稱牠們為「牡蠣鑽（Oyster drill）」。

　　牡蠣的另一個天敵是扁蟲，牠以扁平的身體蓋在小牡蠣身上，分泌黏液使貝殼微微張開（黏液可能有麻醉或毒性），再加以吞食貝肉。

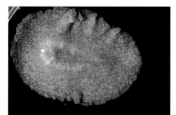

東方柄渦蟲也是牡蠣的天敵。

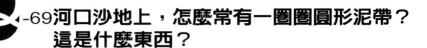

Q-69 河口沙地上，怎麼常有一圈圈圓形泥帶？這是什麼東西？

A：這是玉螺的卵帶，上面有成千上萬正在孵化的受精卵。

Q-70 為什麼要裹著泥沙呢？

A：這樣可以增加重量，讓卵帶不容易隨波逐流。另一個作用是保護，在沙地上，透明的卵和沙子混在一起，不容易被發現，就不容易被吃掉！再說，你喜歡吃一塊掉在沙地上沾滿沙子的肉嗎？多麻煩啊！

Q-71 為什麼要這樣蓋，怎麼不倒過來呢？

A：玉螺可是很聰明的，這樣一來，邊緣緊貼著沙地，浪和水流就不容易將它移動了。想像一下，一個碗正著放比較不容易翻倒，還是反著放？當然是反著囉！因為碗口較大，反過來放較穩固！

◎水生螺類的卵囊或卵群

大部份水生螺類把卵黏在一起，稱為卵囊或卵群，卵囊常黏在岩石下或水中硬物上。在河口沙地上，除了流沙之外，硬物極少，生活在沙中的玉螺就乾脆將卵群作成帶狀，和沙

這個像掉在海底的沙碗，其實是小灰玉螺的卵帶。

子黏在一起，雖然不能完全固定，倒也差強人意。受精卵大約十天孵化，幼蟲在水中生活一段時間後，再沉到沙地上生活。

Q-72 石礦的近親是誰啊？

A：陸地上的蛞蝓和蝸牛。

◎認識石礦

　　雖然石礦生活在海邊，但牠的近親可都是在陸地上生活。在分類上，石礦屬於腹足綱的肺螺亞綱，和陸地上的蛞蝓和蝸牛是近親，都屬於柄眼目。牠的殼已退化消失，身體呈卵圓形，體長多在5公分以下，頭部有觸角，肺螺類特有的肺腔也已經退化，背部有許多樹枝狀鰓，牠是雌雄同體，但進行異體受精。石礦多生活在海濱岩石上、河口礫石區和消波塊上，晚上退潮時出來覓食，主要以石塊上的藻類及有機物為食。和蝸牛比較起來，這種生活在海邊的軟體動物既沒有殼也沒有肺，外形似乎和陸生蛞蝓較接近。

兩隻石礦，右邊那隻被翻了過來。

Q-73 為什麼用鹽巴可以將竹蟶趕出來？

A：可能是鹽度突然增高，竹蟶受不了，所以衝了出來，被手到擒來。

◎鹹竹蟶

有一次我到彰化縣的漢寶潮間帶採集，海灘上有幾個婦人蹲在小水灘中，好像在抓些什麼生物似的，我好奇的走向前去。她們

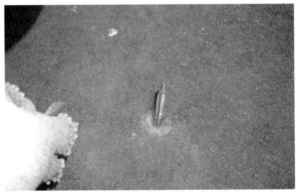

用鹽巴灑在竹蟶洞口上，牠衝了出來。

每個人手上有一個塑膠杯，裡面裝一些白色粉末，我專注的看著他們的動作。用一隻小湯匙將粉末灑在一個小洞中，突然，洞中噴出一股小水柱，一隻竹蟶從洞口鑽出來，只露出小半截，婦人立刻伸手將竹蟶抓住，輕輕拉了出來，讓我大吃一驚，原來她們在抓竹蟶。

她的速度很快，一次灑二、三個洞，從灑粉末到竹蟶出現的時間大約有5秒，一次多灑幾個洞，就不會浪費等待的時間。

竹蟶是一種生活在沙地中的雙殼貝，形狀像一小節乾枯的竹子，所以有這樣的名字，牠們終生生活在沙地中，可以藏身到三十公分深，要想將牠們挖出來非常不容易。漲潮後，牠會爬到沙地表層，伸出一條水管，吸收海水中的浮游性藻類為食，同時也把廢物排到水中。退潮後，牠就藏在沙地中休息，等待下一次潮水。

牠的下端有一塊強有力的白色肌肉（斧足），可以伸得像殼一樣長，用這塊肌肉在沙中挖洞，遇到危險更可以迅雷不及掩耳的速度

將貝殼拉到沙地的深處。

「歐巴桑，這白色粉末是什麼？」我好奇的問，以為是毒魚的藥物。

「鹽巴。」她笑了笑回答，我也鬆了一口氣。

「為什麼灑了鹽，牠們就跑出來？」我又問。

「可能是太鹹了吧！」她一邊灑鹽、一邊抓，身旁的桶子內大約有半斤的竹蟶。

科學的訓練讓我想知道竹蟶突然衝出來的原因。太鹹真的可能是主因，如果鹽可以的話，那糖呢？如果糖也可以，那就不是太鹹的原因了。細沙可以嗎？如果細沙也可以，那就是外來異物的原因了。我心裡盤算著：「下回帶鹽、糖和細沙來實驗看看。」

「沙地上那麼多洞，怎麼知道那些是竹蟶的洞？」我又問。

「經驗啦！二個小洞連在一起的就是了，一個個圓滾滾的就不是了！」，這種洞的外形稱為啞鈴形。

我向她要了一些鹽巴，嘗試著抓抓看。其實幾年前，我在嘉義八掌溪口就見識過漁民戳竹蟶，也親身體驗過，當時是用細鐵絲，所以還隱約記得竹蟶洞的外形。

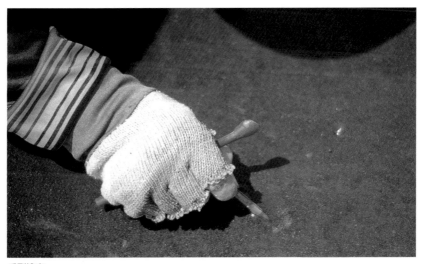

手到擒來。

我努力在沙地上尋找，果然找到許多啞鈴形小洞，知道下面一定藏有竹蟶。將一小撮鹽灑在洞的上方，一瞬間，洞口噴出水柱，竹蟶頭部鑽了上來。伸手一抓，

圖中有一啞鈴形的竹蟶洞。

輕輕將牠拉住，手中感覺有一股向下的拉力。緩緩將牠拉出，看到牠下方有一塊伸長的白色肌肉（斧形足），肌肉奮力向下鑽，形成一股波浪狀運動，想鑽回沙地中。

我又試了另一個洞，這次待牠鑽出後，我並沒有伸手去抓牠，而是想看牠後續的行為。鑽出來的竹蟶很快又縮入洞中，而且藏得很深，很難將牠們再挖出來，想抓牠們只有短暫的時間；一探頭，發現苗頭不對，牠就立刻縮入洞中。

在抓竹蟶的過程中，有一種自割的行為很有趣，竹蟶被抓後，前端的肉質水管會自動斷掉一截。這種現象和壁虎斷尾、海星割腕、海參排腸的功能相同。

數年前我在八掌溪口看到漁民用有倒鉤的鐵絲戳竹蟶，但缺點是鐵絲會刺穿竹蟶，而現在用鹽巴刺激的方式，一點也不會傷到牠們。

第一個這樣做的人是誰呢？他是如何想到這種方法？有心還是無意？有人會無意間帶著一包鹽到海邊，還拿鹽撒到海裡嗎？他又怎麼會認出竹蟶的洞呢？這些問題到今天還一直困惑著我。

Q-74 為什麼水母會在海邊成群出現？

A：水母游泳能力很弱，只能隨海流四處漂流，這種特性恰好讓水流很輕易的將牠們聚在一起。當我們看到水母時，大多是一群出現，就是這個原因。

另外，水母是由行固著生活的橫裂體不停放出的碟狀體發育而來，碟狀體大多在春天釋放，所以我們看到的水母多是成群出現。

◎海月水母與「哈日族」

幾個月前，正值早春，台灣流行養水母，稱為水母風（我覺得應該是水母瘋！），一隻30元到100元。媒體大肆報導，有些人更把小水母裝在小瓶中，用鍊子掛著，當成項鍊，得意洋洋地在台北街頭逛。

最近這幾個月是盛夏，水母突然消失了，媒體也不炒作。聽說這些人叫「哈日族」，一群跟在日本人之後，追求短暫流行的人。不知道這些無辜的水母被他們折騰了幾天？誰又養活了？

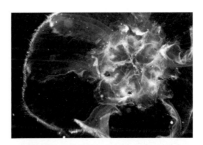

水母究竟是什麼樣的動物？為什麼只出現一陣子？為什麼突然消聲匿跡？牠們吃什麼？生活史如何？養得活嗎？這些問題可能連水族館的老闆及抓水母來賣的人都搞不清楚，他們只知道把鈔票大把的賺進口袋。

早春之際，海水溫度逐漸上升，海邊會突然出成群的海月水母，特

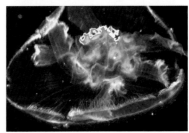

海月水母的近照。

別是在風平浪靜的時候。對許多人來說，這群比手掌略小、謎樣般的白色透明生物，一般人只在影片或水族館中看到牠們成群結隊優雅的游著。

「為什麼會在海邊成群出現？平常躲在那裡？出來做什麼？」

海月水母的生命過程分成二個時期，一個是附著期，另一個是漂浮期，我們看到的水母當然就是漂浮期了。

在附著期，細小的身體像海草一般，固著在海底陰暗的岩壁上，圓盤狀的小水母幼體，一個接一個，像一疊串在一起的迷你小盤。早春到來，末端的小盤會一個個釋放，每一個小盤都會發育成為一隻小水母，獨立生活，並且快速成長，準備生殖。

牠們的壽命很短，春天出生，夏天就要死亡，壽命只有短短數月，出來的目的當然就是傳宗接代。成熟的海月水母分別將精子及卵子排放到海水中受精。受精卵在海中發育數週，再下沈固著在岩壁上，進入附著期階段。這時也正好是秋冬之際，海面風浪變強，附著體也正好蟄伏在海底，逐漸成長，靜靜等待明年春天海水變暖，再釋放出許多小海月水母，到海洋中遨遊、成長，並舉行盛大的婚禮，繼續進行繁衍種族的神聖任務。

水母身體柔弱，最怕狂風巨浪，無情的風浪會將牠們的身體撕碎。當風浪增強，牠們會沉入較深的水域。風平浪靜時，再游回水表層找尋食物。在風平浪靜的春天出現，是千萬年來適應與演化的結果，也是牠們能一直在海洋中存活的重要原因。

水母游泳能力很弱，只能隨海流四處漂流，這種特性恰好讓水流很輕易的將牠們聚在一起。當我們看到水母時，大多是一群出現，就是這個原因。聚在一起的主要原因與生殖有關。牠們是雌雄異體，體外受精，成群結隊的最大好處是：容易察覺雌性排卵或雄性排精，減少生殖距離，增加成功受孕的機會。成群結隊的另一個好處當然是可以進行集團結婚，增加受精的數量和機會。

結婚生子，任務圓滿達成。這時，天氣開始變冷，風浪增強，生

【海月水母的生活史】

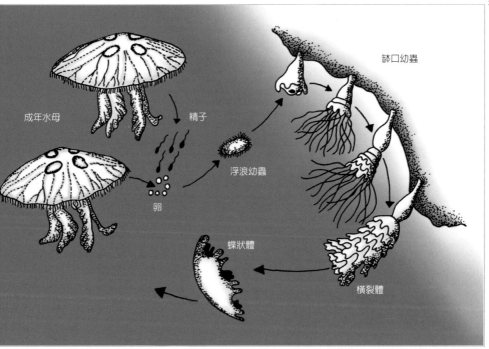

成年水母

精子

卵

浮浪幼蟲

缽口幼蟲

蝶狀體

橫裂體

產完後的虛弱身體很快被風浪撕碎，成爲其他生物的食物，也成爲大海的一部份，滋養牠們的食物——浮游生物。

明年春天，當牠們又再度出來結婚生子時，您還忍心把牠關在一個小瓶子中，掛在頸子上，大刺刺的在街上逛，最後，將牠們破碎的身軀倒入水溝或水槽中嗎？您如果不買，就沒有人會賣、會抓。大海是牠們唯一的家！

註：**海月水母**（*Aurelia*）身體呈乳白色或淡藍色，略透明，形狀像一個倒放的碗或煎鍋一般，最大的個體身體直徑可達30公分。優雅的游泳姿勢看起來像海中的月亮，西方人稱為「Moon jelly」，譯成海月水母。海月水母是肉食性動物，以水中的小型甲殼類、浮游生物、魚蝦的卵為食。牠們用身體周圍的一圈觸手毒殺及抓取小生物。體盤下方有4條下垂如袖子般的口腕，口腕中央是嘴巴，口腕上也佈滿毒囊及毒腺（又稱為刺細胞），是主要的捕食器官。

Q-75 笠貝如何認路回家？

A：笠貝爬過的地方會留下一條黏液線，牠們認得自己分泌的黏液線，所以找得到回家的路。

Q-76 牠住的地方怎麼會陷下去啊？

A：這些凹陷是牠們長久分泌酸性物質溶解岩石所造成的。

笠貝的家常常僅僅是岩石上一個小凹洞，這些洞是牠們長久分泌酸性物質溶解岩石所造成的。

◎會認路回家的笠貝

笠貝是一種小型貝類，牠們的貝殼像一頂小斗笠，所以稱為笠貝。笠貝生活在潮間帶的岩石上，平常牠們用腹部的肌肉運動，晚上或漲潮時在岩石上爬行找尋食物，白天或退潮時又回來原來的地方休息，牠們的食物是附著在岩石上的小型藻類。

笠貝的家常常僅是岩石上一個小凹洞或小凹陷，這些洞是牠們長久分泌酸性物質溶解岩石所造成的。當笠貝遇到危險時，牠們會緊緊地吸在岩石上，用邊緣平整的貝殼把柔軟的身體緊緊蓋住，保護

自己。當海浪愈強時，牠們也會吸得愈緊，以避免被海浪衝走。

令海洋生物學家感到迷惑的是，笠貝沒有長眼睛，吃飽後卻可以找到回家的路，牠們是如何判定方向？如何找到回家的路？經過研究之後發現，原來笠貝爬過的地方會留下一條黏液線，牠們認得自己分泌的黏液線，所以找得到回家的路。

各位如果有機會到海邊時，不妨觀察一下，試試容不容易把笠貝從岩石上抓下來。也可以在牠們的殼上編號，記錄位置，第二天再去看是不是大家都在同一位置上。

許多笠貝緊貼在岩石上。

濱螺又稱為玉黍螺（圖為粗紋玉黍螺）。

Q-77濱螺如何能成為西海岸的優勢貝類？

A：第一，耐乾旱。濱螺已能離開海水，生活在潮溼的高潮區的岩石上，耐乾旱的能力強。第二，天敵較少，缺水的岩石上天敵較水中少。第三，食物充足，石塊上有許多矽藻及有機碎屑可供食用。

◎認識濱螺

　　濱螺又稱為玉黍螺，大多生活在海濱的潮間帶，特別是在紅樹林、漁港、碼頭的堤岸或木樁上。在炙熱的白天，牠們會躲在岩縫中，把口蓋合起來，以免身體的水份過度蒸發，並用黏液將自己黏在岩石上，以免掉落到水中被魚類及螃蟹攻擊。

　　退潮或夜晚來臨時，濱螺開始在潮溼的岩石上找東西吃。牠們用齒舌刮取岩石上的矽藻，及其它附著藻類來吃。吃飽了之後又回到水淹不到的地方休息。

　　濱螺已經演變成不是完全在海水中生活的螺類，牠們能在潮濕的潮間帶活動。這種生活特性，讓牠們具有很強的耐乾燥能力，在缺水的情況之下，仍可以存活數天。

　　因為濱螺已經適應了這種半乾燥的潮間帶生活，加上能在這種環境活動的天敵不多，所以濱螺的族群數量很多，常成千上萬出現，成為海邊礫石區的優勢生物。濱螺的顏色變化很大，有灰白、黃色、黑色、紅紫色等各種顏色。

在潮間帶多變的環境中，濱螺的顏色變化很大。

Q-78 **怎麼追螃蟹？**

A：牠是個有爆發力，但沒有耐力的傢伙。牠雖然剛開始跑得很快，但牠只有約20秒鐘的耐力。在不讓牠逃回洞裡的情況下，連續慢跑追牠30秒，看牠還跑不跑的動。

螃蟹連續跑個20秒鐘，牠就跑不動了，開始對你「張牙舞爪」，用大螯保護自己，其實牠已經累斃了（台灣厚蟹）。

◎有爆發力，但沒有耐力的螃蟹

大家一定都去過海邊抓螃蟹，螃蟹跑得好快，一下子就逃進洞穴裡去了，非常不容易捕捉。

如果牠沒跑進洞裡，牠會跑跑停停，你一追，牠又跑。你一停，牠也停。當牠停下來時，望著你，好像在羞辱你。你再追，牠又跑20秒鐘。跑跑停停，停停跑跑，最後，你體力不繼，放棄了。

其實牠只是虛有其表，牠是個有爆發力，但沒有耐力的傢伙。牠雖然剛開始跑得很快，但牠只有約20秒鐘的耐力。牠必需跑跑停停，停的時候牠比你更喘，比你更累，因為牠在逃命。

連續跑個30秒鐘，不讓牠有任何喘息的機會，牠就會「氣喘如

隆脊張口蟹。

牛」，準備投降。當然有個前提是，不要讓牠有機會逃回洞裡去。

　　大家想一想，為什麼沙灘的螃蟹只在自己的洞口旁邊活動，不敢離洞口太遠。如果牠既跑得很快又很有耐力，那大可跑離洞口遠一點，甚至不需要去挖洞了。關鍵就是牠根本沒有耐力，牠必需一口氣逃回洞中，才可保住小命。下次各位到海邊時，不妨試一試，在不讓牠逃回洞裡的情況下，連續慢跑追牠30秒，看牠還跑不跑的動。

　　那住在礁岩海岸、沒有洞住的螃蟹就比較有耐力了嗎？其實牠們也是一樣沒有耐力，一遇到危險，就立刻要躲到岩石下或岩縫中，而且逃得更快，更驚慌。礁岩海岸有許多岩縫可以躲藏，和逃回洞裡的道理是相同的，所以礁岩海岸的螃蟹大多不挖洞。

　　下次各位再有機會去海邊觀察螃蟹時，挫折感應該就不會這麼重了！不過，羞辱羞辱牠們，報一下仇就好了，千萬不要把牠們累死了，更不可把牠們抓回家，因為海邊的生物很脆弱，離開了原來生存的環境，縱然是給牠們海水，一到二天牠們就會死亡。

Q-79 為什麼沙岸的生物種類少，但數量多？

A：沙岸的棲地多樣性比礁岩少很多，只有某些物種能夠生存下來，並且能適應及繁殖。因為環境大又缺少競爭者，所以牠們便可以很快地繁殖起來，以龐大的數量佔據這單調的環境，例如招潮蟹、牡蠣、文蛤及沙蠶（又俗稱為海蟲，屬於環節動物門）。

◎沙地並沒有提供多樣化的棲地

這裡所談的沙岸就是多沙的海岸，沙岸一般都很平坦，而且寬廣，凹凸不平的地方多會被沙子掩蓋掉。沙岸附近大多有大河流入海洋，這些沙子主要來自於陸地。台灣西部海岸就是最典型的例子，西部海岸有許

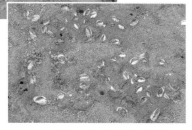

台灣西海岸沙地上最常見的清白招潮蟹。

沙地中死亡的薄殼蛤（公代）。

多河川，西部海域完全是沙岸，潮間帶平緩寬廣。

在生態系裡，如果一個棲息地有多樣化的生物，那它必須有幾個前提，第一，環境一定要多樣化。第二，溫度要適當，第三，光線和水份一定要充足。雖然西部沙岸符合第二及第三個前提，但是沙地並沒有提供多樣化的棲地，某些生物如招潮蟹，雖然數量很多，但其他生物種類並不會比岩岸多。只要一些種類能夠在沙地生存，並且能適應及繁殖，牠們便可以很快地以龐大的數量佔據這單調的環境，因為這裡的棲息地大，又缺少競爭者。

在退潮時，沙岸生物大多躲在泥沙下，許多鳥類喜歡在沙岸覓食，用長長的鳥嘴搜尋沙中的小生物，比在岩石下或岩縫中容易捕捉。沙岸的海洋生物主要有三大類，環節動物（沙蠶、海蟲）、軟體動物（螺類、雙殼貝類）及節肢動物（蝦蟹、藤壺等甲殼類）。

Q-80這是什麼動物啊？

A：紐形蟲是一類動物，自成一個動物門，稱為紐形動物門。受干擾時常扭曲成團，故名為紐形蟲。牠的體型大多呈長帶形，長可達5公尺，西方人稱為緞帶蟲。

◎紐形蟲──能屈能伸

紐形蟲受到刺激時，身體變粗變短，長度可減為原來的十分之一。牠們可以由體壁的腺細胞分泌大量的粘液來保護柔軟的身體。全世界大約僅有七百多種，大多生活在海邊潮間帶地區，躲在岩石下，幾乎全為夜行性。只有少數種類在淡水生活，極少數種類生活在潮濕的土壤中，或寄生或共生在螺類、二枚貝類及蝦、蟹的體表。

紐形蟲都是肉食性，捕食各種小型無脊椎動物，如環節動物（沙蠶）、軟體動物、甲殼類等。牠們用吻部來捕食，吻是前端體壁內陷所形成的一個囊帶，吻可由囊帶中突然射出，因此，紐形動物也稱

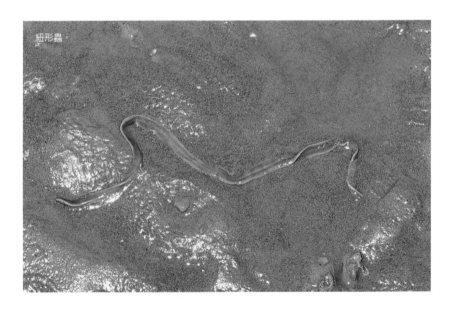

紐形蟲。

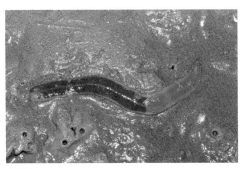
紐形蟲。

為吻腔動物。吻的前端常膨大呈球狀，可以分泌黏液黏住獵物。比較進化的種類，球狀吻上面長有毒刺，可以刺住獵物並注入毒液。嘴巴多位在吻的下方；進化的種類，嘴巴則是在吻腔裏面。紐形動物有很強的耐飢餓能力，可以數個星期不進食，體積可減為原來的1/2，但仍不會死亡。

紐形蟲大多數為雌雄異體，生殖系統很簡單，許多生殖腺規則地排在背部，每個生殖腺有一個小管開口到外界，裏面有1-50個卵，根據種類而有所不同。大多在夏末到秋天進行生殖，生殖時，數條蟲常聚集在一起，扭成一團，行體外受精。幼蟲在水中孵化，外形頗像一頂帽子，所以稱為帽狀幼蟲。幼蟲生活一段時間之後，下沈到海底，變態發育成紐形蟲。

紐形動物具有很強的再生能力，身體常會自動斷裂。在高溫或受其他干擾或強烈刺激時，牠也會自行斷成數段，每一斷片都可以發育成完整的新個體。

紐形動物和扁形動物（如渦蟲，海扁蟲）有些相似，兩者都是兩側對稱，三胚層及無體腔的動物。此外，牠們在形態及生理上也具有很多的相似性，例如：（1）體表具有纖毛適於爬行；（2）用原腎排泄廢物。這些相似性說明了兩者之間有密切的親緣關係。但紐形動物比扁形動物更進化，原因是：（1）牠已出現了完整的消代道，有口有肛門，但扁形動物卻只有口無肛門；（2）紐形動物也出現了循環系統，但無心臟；扁形動物則無循環系統；（3）紐形動物大多為雌雄異體，但扁形動物多為雌雄同體；（4）紐形動物身體前端具有一個可以伸縮、用來捕食及防禦的長吻，所以將紐形動物獨立成一個門。

-81當招潮蟹逃回洞裡時，你該怎麼辦？

Ａ：您先準備一隻螃蟹，靜靜地蹲在另一隻的洞口前，儘量不要驚動洞中的那隻，把原先準備的那一隻輕輕的放在洞口，讓牠逃入這個洞中。不久之後，二隻螃蟹在洞中開始打架，慢慢打到洞口來了。您可以用事先準備好的細長鐵棒，在洞口後約十公分的地方，斜斜地插下，堵住牠們後退洞穴，這兩隻愛打架的螃蟹就無法再往下逃，這時您就可以很輕鬆地抓到這兩隻螃蟹。

清白招潮蟹。

◎都是「愛打架」惹的禍

大家一定都有到海邊觀賞螃蟹，或帶小朋友去抓招潮蟹的經驗。螃蟹大多躲在自己挖的洞穴中，你一衝過去，牠就立刻逃回洞中，你離牠遠一點，牠又在洞口揮舞大螯，好像在向你挑釁（其實牠是在吸引異性或威嚇同性），讓你莫可奈何。下次遇到這種情形，你要怎麼辦？

螃蟹類大多有很強的領域性，牠們的地盤往往不容其他螃蟹闖

入，特別是自己的洞穴附近。下次您再去海邊抓螃蟹時，如果再有這種情形，您就先抓一隻公螃蟹，靜靜地蹲在另一隻的洞口前，儘量不要驚動洞中的那隻，輕輕的把你原先準備的那一隻放在洞口，讓牠逃入這個洞中。您靜靜耐心地觀察，不久之後，二隻螃蟹在洞中開始打架，慢慢打到洞口來了。這時候，您可以用事先準備好的長竹子或細長的鐵棒，在洞口後約十公分的地方，斜斜地插下，堵住牠們後退的洞穴，這兩隻愛打架的螃蟹就無法再往下逃，這時您就可以很輕鬆地抓到這兩隻螃蟹。

這個小實驗的前題是，您必須先抓到第一隻螃蟹，而且一定要是公的，如果您抓一隻母的放入洞中，那可能是「肉包子打狗」，一去不回，反而送了一個女朋友給牠，幫助牠們交配。

待實驗完之後，一定要把螃蟹放生，千萬不要為了好玩，而把螃蟹帶回家，因為這樣會傷害到牠們寶貴的生命，海水是一個很複雜的生態系，您是絕對無法養活牠們的。

Q-82船蛆如何破壞木材？

A：船蛆除了會濾食水中生物之外，也以木材為食，牠們的消化腺含有纖維素脢，可以消化木材。有些種類的體內還有共生的細菌，可以幫助消化木材。

◎船蛆——浮木終結者

船蛆屬於軟體動物門、雙殼綱、鰓瓣亞綱、貧齒目，是一種雙殼類，但牠不住在沙地中，牠喜歡在木頭上鑽洞，住在其中。碼頭的木樁，木造船舶，只要是浸泡在海水中的木質構造，都難逃被牠們蛀成朽木的命運。

牠們是漁民心中的夢魘，船底的重要樑柱常不知不覺被牠們蛀朽，在大風浪中造成船難。碼頭也因為這群討厭的小動物，常要翻新整修。牠們像陸地上的蛆一樣惹人厭，所以稱為船蛆。其實牠們是很特別的貝類，具高度的特化現象，和蒼蠅的幼蟲「蛆」，一點關

被船蛆蛀蝕的木頭

【船蛆】

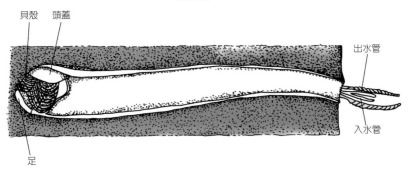

貝殼　頭蓋

出水管

入水管

足

係都沒有。

　　船蛆是如何蛀蝕木材呢？牠的身體呈長管狀，長約10公分，寬0.5
公分。兩片貝殼已經退化，變成二小片，位於身體前端，在木材的
裏面。運動的肉足也很小，位於二小片殼的下方。生活時，用二片
殼向前慢慢鑿洞，經年累月在木材中挖出一條長長小洞，並且分泌
鈣質骨管，包著整個小管。管子由木頭的表面伸出，是身體後端，
由這裡用入水管吸取新鮮海水及水中的小生物來吃，用出水管排出
用過的髒海水及廢物。管子的末端還有一個鈣質墊板，當出、入水
管縮回管中時，墊板可以收回，封閉管口，以逃避危險或避免水分
流失。

　　除了會濾食水中生物之外，船蛆也以木材為食，牠們的消化腺含
有纖維素酶，可以消化木材。有些種類的體內還有共生的細菌，可
以幫助消化木材。船蛆的壽命根據種類而有所不同，有1-7年之久。

Q-83 文蛤的生態特性？

A：文蛤大多生活在中潮區以下多沙的乾淨海灘。退潮時，牠們埋在約2-3公分深的沙地中休息。漲潮時，牠們會用斧狀足，稍稍向上移動，伸出二條肉質水管，一條入水管不停吸入新鮮海水及食物，另一條出水管排放出用過的髒海水及廢物。

◎耙文蛤──摸蛤兼洗褲

　　文蛤生活在台灣西部海域多沙的潮間帶，特別是在河口兩側，因為河口區匯集了許多來自於陸地的營養鹽，水中的微細浮游植物因此而大量繁殖，提供文蛤豐富的食物，這裡的文蛤又多又肥又大。炎炎夏日，帶著您全家到西海岸「摸蛤兼洗褲」，是很健康的戶外活動。

　　文蛤大多生活在中潮區以下多沙的乾淨海灘。退潮時，牠們埋在約2-3公分深的沙地中休息。漲潮時，牠們會用斧狀足，稍稍向上移動，伸出二條肉質水管，一條不停吸入新鮮海水及食物，另一條排放出用過的髒海水及廢物。

　　如何耙文蛤？首先準備一隻小釘鈀，不要再太笨重，重量要很適合手部的活動，因為您可能一挖就是一個小時。跟著漁民，看他們在哪挖，就在他們附近一起挖。因為我們對於潮水及海邊環境都不是很熟悉，為了安全，前幾次最好不要單獨行動。

　　挖文蛤很簡單，選擇地點非常重要，一個地方挖了幾分鐘之後，如果毫無斬獲，原因可能有二個：（一）環境不對，文蛤無法在此生存。（二）幾天前被人挖過了：文蛤不會躲在5公分以下的沙中，所以不要挖太深，以免浪費體力。

　　用耙子在沙地上向後拉動，一塊一塊有規則的挖，不要東挖一塊，西挖一塊，成果會比較好。耙子拉過時，如果碰到硬物，可能是文蛤或小石子，這時就要特別注意。所以，挖文蛤手部的感覺特

立式耙文蛤。

別重要，全憑經驗及手感。

　　專門挖文蛤的人有一種特別的工具，它是一種口字形耙子，當它由沙中拉過時，不會翻起沙子。下方那塊鐵片是關鍵，如果沙中有文蛤，鐵片會碰到，手部也有碰到異物的感覺。它較省力，工作效率較高，是耙文蛤高手比較喜歡的工具。

　　挖文蛤是辛苦的工作，因為要蹲在沙地上工作，所以建議您帶張小塑膠凳子或小冰桶，挖累了可以坐一坐休息。建議您穿長袖上衣，戴頂草帽，以免曬傷。穿長褲更好，蹲累了可以跪著繼續挖。如果運氣好，全家三、五個人，運動1~2小時，挖個2~3斤應該沒有問題。

　　新鮮的文蛤裏有很多沙子，所以建議您帶一瓶乾淨的海水回來，讓文蛤吐沙。自己挖得的文蛤，味道特別鮮美，但是不要貪得無厭，不要挖的太多，更不要一網打盡，太小的文蛤應該放生。帶全

家人出來，記得機會教育，讓小孩子在快樂之餘，也要有環境保育、永續經營的理念。更要將垃圾帶回，給孩子一個好榜樣。

出發之前，記得查閱報紙或氣象局網站，徹底掌握當天潮水，在最低潮前2個小時就可下水，這樣就可以有3~4個小時的「運動」時間。最低潮的時間最好選在下午四點左右那幾天，在家吃過午餐後出發，到海邊大約三點，潮水已經退得夠低，太陽也變弱了，不會曬傷。工作完畢後，又可欣賞海邊夕陽美景。一定要徹底掌握潮水的時間，不要因貪玩而忘了漲潮時間，這是海邊活動最重要的注意事項。

蹲式的文蛤耙。前面放了3顆已耙起的文蛤。

Q-84 有沒有向後走的螃蟹啊？

A：有的！瓷蟹就是一類可以向後走的螃蟹。但嚴格說起來，瓷蟹不屬於螃蟹類，牠們和寄居蟹血緣較接近，同屬於異尾類。異尾類的尾部不發達，向腹部彎曲。

◎瓷蟹──向後行

　　海邊的岩石下傳來沙沙聲，幾隻身體扁扁的小螃蟹機警的躲在石塊下。這類小螃蟹的特徵是身體小且扁平，大螯特別大。這類小螃蟹名叫瓷蟹。

　　大多數的螃蟹是橫著走路，以前我們也提過兵蟹（海和尚）是「向前行」。「有沒有向後行的螃蟹啊？」有的！瓷蟹就是一類向後行的螃蟹。但嚴格說起來，瓷蟹不屬於螃蟹類，牠們和寄居蟹血緣較接近，同屬於異尾類。異尾類的尾部不發達，向腹部彎曲。

瓷蟹

註：瓷蟹屬於節肢動物門，甲殼綱，異尾亞目。和寄居蟹同屬於異尾亞目，血緣較接近，而螃蟹屬於短尾類，蝦子則屬於長尾類。

大多數瓷蟹的個體很小，主要生活在海邊的岩石區，躲在岩石下及岩縫中。由於兩隻螯常比身體大，無法提著大螯橫著走，或向前跑，只能拖著向後走，當牠遇到危險時，拖著笨重的大螯，有些滑稽。

大螯的功能是防衛，但只對同體型的生物有效，特別是同類之間。因此，瓷蟹大多躲在石塊下，漲潮及夜間才在岩石下活動及覓食。

在逃難時，這麼一對巨螯是一種累贅，影響逃跑的速度。在演化的過程中，為求自保，瓷蟹有很強的自割行為，會將二隻大螯快速截斷，以加快逃跑的速度。由於大螯往往比身體大，敵人會被牠矇騙，放棄追逐重要的身體部份。

瓷蟹扁平的身體是高度適應的現象，在岩石區，扁平的身體最適合在岩縫中躲藏及進出，加上有硬殼保護，成為岩石下的常見生物。另外，生活在潮間帶，漲退潮的碎浪多，這種扁平的身體可以減少浪的衝擊。除了體型的特殊適應外，瓷蟹外殼顏色也具有很好的偽裝色，和石頭顏色非常接近，除非牠跑動，否則也不容易發現。

Q-85 為什麼豆蟹要躲在貝類體內？

A：因為豆蟹是小型蟹類，幾乎沒有防衛能力，又需要乾淨的海水和充足的氧氣。貝類濾食海水中的藻類為食，必須不停吸入海水，以獲得食物。因此，豆蟹躲在雙殼貝的外套腔之內是不錯的選擇，既可獲得食物及新鮮的海水，又提供保護，真是一舉數得。這是一種共生現象。
另一個重要的原因是這種共生關係有利於豆蟹種族的繁衍，因為這樣比較容易交配，雌雄一對生活在一起，比在海水中找伴侶容易多了！

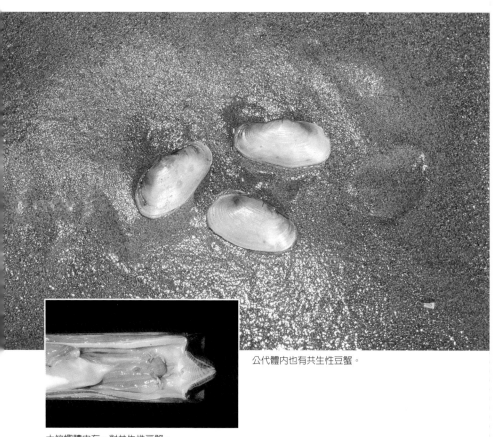

公代體內也有共生性豆蟹。

大竹蟶體內有一對共生性豆蟹。

Q-86 台灣西海岸有哪些貝類有共生性豆蟹？

A：較大體型的牡蠣、文蛤、大竹蟶及公代（薄殼蛤）、貽貝體內都有這種豆蟹。而且大體型的宿主有共生蟹的比率非常高，如大竹蟶就高達90％。

Q-87 這種共生對貝類有好處嗎？

A：這是一種片利共生，只有豆蟹得到好處，但貝類沒有受到任何影響。野外研究顯示，並非所有宿主體內都有豆蟹，所以並沒有絕對的專一性。

Q-88 豆蟹一定要生活在宿主內以完成生活史嗎？

A：因為海水中也可撈到成熟的豆蟹，所以兩者都沒有絕對的專一性，但豆蟹在浮游的過程中會儘量尋找宿主，以獲得更大的安全保障。

Q-89 為什麼豆蟹長得這麼小？

A：這是這類共生性生物的特性，可能是要進入寄主體內，所以適應了小體型的趨勢。

Q-90 為什麼雄性體型比雌性小那麼多？

A：因為精子的體積比卵子小很多，少量的精子就可以讓大量的卵受精，又加上要藏身於宿主體內，容易受精，所以雄性比雌性小了許多。

Q-91 海螺和蝸牛有哪些差異？

A：陸生蝸牛的特性有：（1）沒有口蓋。（2）頭部有二對可以縮入的觸角，前觸角有嗅覺的功能，眼睛在後觸角的頂端。（3）缺少鰓，以「肺」呼吸。肺為變態的肺，由密生血網的外套腔壁特化而成。（4）雌雄同體。（5）卵直接孵化出小蝸牛，沒有幼蟲階段，而海螺大多有漂浮性的幼生階段。

小灰玉螺。

青山蝸牛。

◎海螺和陸生的蝸牛的肺部差異

　　海螺和陸生的蝸牛都屬於軟體動物門、腹足綱。但陸生蝸牛屬於肺螺類，肺為變態的肺，由密生血網的外套腔壁特化而成。開口（氣孔）經常關閉，以避免體內水份散失。當氣候乾燥時，牠們多躲在陰濕的環境，分泌黏液封閉殼口，以渡過乾燥的環境。因此，蝸牛大多生活在溫暖潮濕的森林、花園、草地。

　　海螺則有一外套膜所形成的外套腔，呼吸鰓位於外套腔內，外套腔可吸入及排出海水，以達到呼吸的功能。

【腹足類的解剖圖】

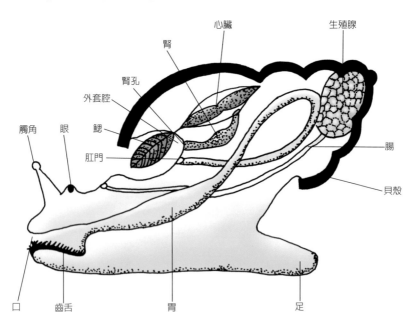

Q-92 如何分辨公代（薄殼蛤）的洞？

A：公代的洞口呈長橢圓形到亞鈴形，長度約0.5公分，洞口周圍多粉泥。牠們一般是成群出現，數量豐富。牠們多躲在約十公分左右的沙地下。

◎認識公代

公代是一種雙殼貝，主要生活在河口區多粉泥的沙地上，牠們的出入水管並沒有明顯的分離，而是被一條皮質軟管包住，末端常呈啞鈴形，因此在沙地上也有一個圓形或啞鈴形的開口。公代常成群出現，因此常可以在沙地上看到許多如圖片的小坑洞。在中台灣的大甲溪口及大肚溪口有豐富的公代，但由於肉質不多，殼薄，很容易就破裂，雖然數量豐富，但經濟價值不高。

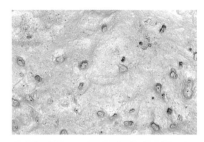

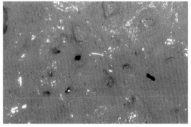

公代的洞。

公代。

Q-93 為什麼公代會大量死亡？

A：原因有兩個，第一，公代壽命約兩年，幼蟲著苗時大多一批一批，所以同一區域的個體大多是同一時期著苗，體型相差不多，自然死亡時也多在同一時間。第二，公代移動性很小，當牠住在沙地後就很少移動，特別是水平方面的移動，只有稍為上下垂直運動。台灣西海岸的沙岸地形很容易受到颱風和大浪的影響，海邊地形常有劇烈的變化，影響了水流及食物來源，公代族群也常被沙覆蓋，或沙地隆起而缺水，進而造成集體死亡。

大量死亡的公代。

半索動物的柱頭蟲。

Q-94 什麼是半索動物啊？

A：這類生物又稱為柱頭蟲，自成一個動物門，半索動物門。牠們主要生活在淺海，特別是海灘的泥地上，全世界大約只記錄70種。身體呈蠕蟲狀，長度多在10~40公分長，少數種類可長達2.5公尺。

◎半索動物門：柱頭蟲

海灘上常有一堆像糞堆的泥巴，在退潮時露了出來，高高隆起，像座小火山。我們很少看到這種動物現身，用鏟子奮力向下挖，也挖不出動物來，但我們知道糞堆之下一定有一種蠕蟲類，可能藏在很深的泥沙中，而且牠們很機警，一遇到危險就立刻縮入沙中。

「究竟這是什麼生物？」

這類生物稱為柱頭蟲，自成一個動物門，半索動物門。牠們主要生活在淺海，特別是海灘的泥地上，全世界大約只有70種。身體呈

蠕蟲狀，長度多在10~40公分長，少數種類可長達2.5公尺。

　　牠們的主要食物是泥沙，從中獲得有機食物。牠們以頭部在泥沙中拼命鑽洞及挖掘，柔軟的身體並不時蠕動，以便吞入大量泥沙，獲得食物。泥沙的營養有限，所以牠們常要吞食大量泥沙，以獲得足夠的食物。吃得多，拉得也多，所以在洞口附近常有成堆的糞便。

【半索動物門的柱頭蟲】

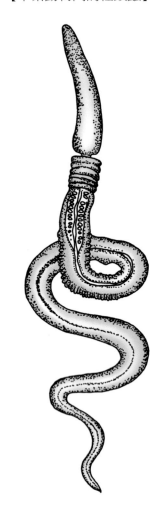

日本毛絨螯蟹。

Q-95 **絨螯蟹為什麼跑到河口來？**

A：絨螯蟹雖然生活在河川中，但必須回河口產卵，幼蟲必須生活在海水中，所以每年秋天都會在河口的低潮區看到牠們。母蟹一般比雄蟹早到河口，在河口產完卵的親蟹幾乎全部死亡，壽命約2-3年。

◎絨螯蟹正逐漸減少中

絨螯蟹喜歡生活在多沙的礫石區，牠們也可以迅速的潛入沙地中。由於台灣螃蟹的資源越來越少，絨螯蟹也成為高價的蟹類。但因為西部污染嚴重，許多河口的絨螯蟹的數量已減少很多。

Q-96 椎實螺為什麼要游仰泳？

A：這是一種漂浮運動，如此一來，椎實螺可以到達另一地點，以獲得食物。

◎游仰式的椎實螺

池塘中有一簇簇的絲狀藻，這些藻是漂浮性的，聚成一團，晚上沉在水底，白天太陽一出來，藻類行光合作用，放出氧氣，氧氣卡在藻類之間，把藻類浮在水面上，風一吹，這些藻團在水中漂啊漂啊，漂盪起來。

藻類浮在水面上的好處是能吸收到更充足的陽光，以利光合作用之進行。這些藻類的敵人是一種椎實螺，一種淡水小螺類，殼長可以長到1公分。牠們會爬到藻團上面，像搭便車一般，一邊吃一邊隨波逐流。每一塊藻團總有被椎實螺吃完的一天，吃完之後椎實螺怎麼辦呢？

沒關係，這時椎實螺會吃幾口空氣，爬入水中，將身體翻過來，貝殼朝下，把身上的肌肉（又稱為腹足）伸展開來，利用身上氣泡及水的表面張力浮在水表面。

椎實螺的肌肉會慢慢扭動，就好像有一隻小槳在水中緩緩划行一般，游泳的姿勢就好像人類游仰式一般。這樣就可以在水中慢慢游動，當碰到另一塊藻團時，椎實螺就爬上去再大塊朵頤一番。

椎實螺適應鹽度的能力很強，不僅生活在淡水中，半淡鹹水的河口也常可以發現牠們的蹤跡。

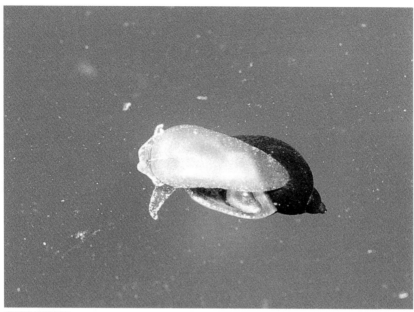

游仰泳的椎實螺。

海邊半淡鹹水區的椎實螺。

分卷2
河口生物圖鑑

腔腸動物門 (Coelenterata)

縱條磯海葵

科名：冠口海葵科Diadumenidae
學名：*Haliplanella lineata* (Verrill)
特徵：動物直徑約1~2公分，體色暗褐色，退潮時觸手收縮，體壁上有12條呈輻射狀排列的金黃色線條。

棲所：動物常吸附在泥灘上地上空的牡蠣殼上、或礫石的邊緣，河口外圍的礫石區偶可發現。

分佈：廣佈於印度西太平洋地區。台灣在金門浯江口、新竹香山、台中梧棲沙岸潮間帶均有記錄。

軟體動物門 (Mollusca)　腹足綱 (Gastropoda)　前鰓亞綱 (Prosobranchia)
原始腹足目 (Archaeogastropoda)

花笠螺

科名：笠螺科Patellidae
學名：*Cellana toreuma* (Reeve)
特徵：殼頂約位於殼長的1/5處，頂長可達4.5公分，前面部份比後面略窄。殼面有細放射肋，殼面上常有藻類及其他附著生物附著。殼內面有很薄的珍珠光澤，中間部份常呈淡褐色。由殼內面向外透視，殼面上常有許多深褐色放射條紋由殼頂向殼緣射出。殼口周緣有齒狀缺刻。肉可供食用。

棲所：採於台中港防波堤上，多生活於平滑的礫石上或消波塊上。澎湖潮間帶亦有分佈。

文獻：賴 1986:5，1990:36，王等 1988:8，吉良 1989:10，波部 1989:5，波部及伊藤 1991:6。

灰黑鐘螺

科名：鐘螺科Trochidae

學名：*Herpetopoma atrata* (Gmelin)

特徵：殼高1公分，螺層5層，縫合線明顯，殼表上的橫肋較粗且明顯，縱肋較細，橫肋和縱肋文織成細網狀。殼口圓形，外唇上有約20個外唇齒。臍孔小而深。一個空殼採於新竹香山潮間帶沙地上，空殼爲灰色白，生活時爲灰黑色或黑色，口蓋角質。

棲所：潮間帶，常躲在石塊下。

分佈：印度太平洋地區。標本採於新竹香山潮間帶，但數量稀少。

文獻：波部 1989:7，波部及小菅 1991:8，Abbott and Dance 1986:34，Springsteen and Leobrera 1986:33，Wilson 1993:68。

同種異名：*Euchelus atratus, E. canaliculatus* Lamarck.

單齒螺

別名：草席鐘螺

科名：鐘螺科（馬蹄螺科） Trochidae

學名：*Monodonta labio* (Linnaeus)

特徵：殼高可達2.5公分。殼上佈滿橫向螺肋，螺肋均由長方形的小突起連接而成。殼表一般爲暗綠色，但變化頗大，有白色、紅色、褐色等色斑。外唇緣薄；內緣增厚，邊緣形成肋狀齒列。內唇基部增厚，形成一個大白色齒。無臍孔。口蓋圓形，角質。

棲所：採於河口外的中潮間帶礫石區。草席鐘螺在台灣南北的礁岩海岸數量很多，而在西部沿海，牠們多生活在水質較乾淨的礫石區，以海藻爲食，但數量很少。

文獻：王等 1988:14；Abbott 1994:19；賴 1990:4，1987:15；吉良 1989:14；波部及小菅 1991:9；波部及伊藤 1991:13。

黑鐘螺

別名：銀口凹螺

科名：鐘螺科（馬蹄螺科）Trochidae

學名：*Tegula argyrostoma* (Gmelin)

特徵：殼面黑色，殼高可達4公分，殼面有細密的斜縱走肋。殼口大，內具珍珠光澤，外唇最外緣具黑色鑲邊，內唇具一齒突。臍孔淺，臍孔及周緣均呈綠色。口蓋棕色、角質。體螺層以上的殼面常有灰白色碳酸鈣沈積和生物附著。

棲所：動物採於台中港防波堤上。台灣東北角海域產量較多，多生活於低潮線至水深2公尺處。

文獻：王等 1988:12，賴 1986:15，1990:40，Abbott and Dance 1986:42。

山形鐘螺

科名：鐘螺科（馬蹄螺科）Trochidae

學名：_Trochus histrios_ Souverbie

特徵：殼長約2.6公分，縫合線上方常有弱的突起結，特別是體螺層的縫合線上方。臍孔大且深，周圍常有珍珠光澤。殼口大，有珍珠光澤。4~5條外唇齒向內面平行生長。內唇上有2-3個弱內唇齒。底部有5~6條以殼軸為中心的螺旋紋。口蓋角質、淡棕色。殼面有密的顆粒體，常被碳酸鈣及附著生物附著。清洗乾淨後，常有細密的紅棕色斑紋。

分佈：動物採於台中港防波堤上。

同種異名：_Trochus calcaratus_ Reeve

文獻：賴 1986:11，Wilson 1993:90，Abbott and Dance 1986:44

肋珰螺

科名：鐘螺科（馬蹄螺科） Trochidae

學名： *Umbonium costatum* (Kiener)

特徵： 貝殼較堅厚，殼徑可達1.6公分，貝殼低矮。體螺層較膨大，上面有4~6條細螺溝，接近縫合線處螺溝較明顯。越向殼頂，螺溝數減少。殼底淡黃色，有棕色密集的波狀花紋。殼口近方形，外唇較內唇薄，內唇短，基部膨大變厚，內、外唇均平滑。臍孔區域被紫色胼胝體掩蓋，略向外凸出。空殼採於金沙灣。

分佈： 福建、廣東、海南沿海、日本、印度洋及菲律賓

文獻： 王等 1988:14，吉良 1989:17，波部 1989:11，波部及伊藤 1991:15，Springsteen and Leobrera 1986:34

同種異名： 賴 (1990) 所描述的台灣珰螺 *Umbonium suturale* (Lmarck) 特徵和本種相同，應該是同種異名。

註：這個種和蝟螺的差別有：(1)肋珰螺個體較大，貝殼較厚實，(2)肋珰螺具有螺肋。

托氏瑁螺

科名：鐘螺科（馬蹄螺科）Trochidae

學名：*Umbonium thomasi* (Crosse)

特徵：貝殼結實，殼徑在1公分左右，圓錐形，比瑁螺及肋瑁螺均高。殼表具光澤。縫合線淺但很明顯。殼表為紫灰色或粉紫色，具有褐色波浪狀細條紋。殼口近方形，內唇短而厚，外唇薄，內、外唇均平滑。臍孔被胼胝體掩蓋。數個空殼採於金門浯汀口，貝殼底部常具有一個穿孔，可能是被玉螺鑽孔吃掉。

分佈：江蘇、山東沿岸廣分佈種。

文獻：王等 1988:16，波部及伊藤 1991:15。

註：托氏瑁螺、彩虹瑁螺及肋瑁螺的主要差別：托氏蝟螺的螺旋部比其他二者高出許多，殼表面平滑無螺肋。

彩虹琄螺

科名：鐘螺科（馬蹄螺科） Trochidae

學名：*Umbonium vestiarumv* (L.)

特徵：殼小而薄，螺旋底部矮平，殼徑多在1公分以下，殼表光滑，縫合線明顯。殼面花紋及顏色變化大，一般為淺灰色、綠灰色、淺褐色等，花紋為放射狀或波浪狀。殼口略呈三角形。外唇薄，內唇短，均平滑。臍孔部白色或褐色均有，無臍孔。口蓋角質。標本採於曾文溪口，多死後被沖涮至岸邊的空殼，數量龐大。

分佈：廣東、南海、印度-西太平洋。曾文溪口數量極多。

文獻：賴 1990:41，波部及小菅 1991:7，貝類學會 1994:100，王等 1998:14，Abott and Dance 1986:43，Abbott 1994:20。

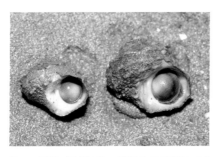

瘤珠螺

別名：粒花冠小月螺

科名：蠑螺科Turbinidae

學名：*Lunella granulata* (Gmelin)

特徵：貝殼堅厚結實，殼高約在2公分左右，多為灰綠到暗綠色，螺旋部低平，頂層多磨損成灰白色。殼面具有許多由小顆粒聯成的平行橫向螺肋。殼底螺肋較明顯。縫合線下方的螺肋具有凸出的瘤狀結，其中體螺層的瘤狀結有2~4列。殼口圓形，內有珍珠光澤。外唇薄，外唇緣有殼面延伸的淡色邊。內唇下方發達，在螺軸基部膨大。臍孔明顯。口蓋呈扁半球形，鈣質，灰綠到淡綠色，表面密佈細顆粒體。

棲所：動物採於新竹香山潮間帶牡蠣架下。澎湖礁岩海岸產量多。

分佈：日本、韓國、澎湖。

文獻：賴 1986:19，1990:42，波部 1989:14，貝類學會 1994:101，Abbott and Dance 1986:48。

漁舟蜑螺

科名：蜑螺科Neritidae

學名：_Nerita albicilla_ L.

特徵：貝殼堅硬，螺旋部低矮而平，不明顯，幾乎平整。體螺層大，幾乎佔貝殼全部。生長紋明顯。殼表顏色變化頗大，通常為灰色，具有黑色不規則斑紋或斑塊。殼口內面白色，內唇伸延擴展成一板面，大個體板面上有十多個顆粒體，內唇有3-4個小齒。外唇緣有殼表延伸的黑色斑點，內面增厚，具有十多個顆粒狀齒列。口蓋淡黃棕色，表面密佈細疣。

棲所：動物採於新竹香山牡蠣架下的空牡蠣殼上，數量不多。廣分佈於台灣南、北礁岩海岸。

文獻：王等 1988:20，吉良 1989:24，賴 1990:46，1987:27，貝類學會 1994:101，Abbott and Dance 1986:54，Abbott 1994:22。

黑肋蜑螺

別名：肋蜑螺

科名：蜑螺科Neritidae

學名：_Nerita costata_ Gmelin

特徵：殼長約3公分左右，殼面具有10多條黑色粗大的橫向平行螺肋。殼頂顏色較淡，多呈灰白色。螺旋部小，體螺層膨大，幾乎佔貝殼全部，縫合線不明顯。殼底呈灰白色，內唇發達且平滑，唇緣有4個齒。外唇緣有殼面延伸的黑色邊，有7~9個外唇齒，前後兩個特別膨大。口蓋呈半月形，鈣質，基部具有一突出延伸。

棲所：動物採於台中港防波堤消波塊上。印度西太平洋地區的廣分佈種。

同種異名：_N. grossa_ Born, _N. scabricosta_ de Lessert (Wilson 1993)。

文獻：賴 1986:27，1990:46，吉良 1989:24，貝類學會 1994:101，王等 1988:20，Abbott and Dance 1986:53，Abbott 1994:23，Wilson 1993:40。

沙氏石蜑螺

科名：蜑螺科Neritidae

學名：_Clithon sowerbianus_ (Réluz)

特徵：殼高可達1.2公分，但大多在1公分以下。螺旋部小而低，體螺層膨大，殼表有光澤。一般為綠褐色，花紋有帶狀、網紋狀、星點狀、線狀或不規則形狀，但顏色及花紋有很多變化。殼頂常磨損，呈灰白色。外唇薄，表面光滑，內唇有數個小齒。口蓋鈣質，半圓形，在顯微鏡下觀察，口蓋上面有許多小細疣，外緣深褐色，口蓋內面基部有一大型凸出的鉸齒。殼長2公分以上的大個體，外唇有增厚情況，邊緣並有十多個肋狀齒。

棲所：在台灣東北角海域及南部恆春海域，沙氏石蜑螺多生活在高潮區，有淡水流入的礫石灘中，體型較小。在中部大甲溪出海口，牠生活在礫石區，體型較大，顏色也較深。

文獻：中華民國貝類學會 1988:14。

註：賴(1990)認為沙氏石蜑螺是豆石蜑螺_C. foba_ (Sowerby)的同種異名。

壁蜑螺

科名： 蜑螺科Neritidae

學名： *Septaria porcellana* (Linnaeus)

特徵： 貝殼鋼盔形，殼長可達2.5公分，外殼灰黑色或棕色，且雜有許多黑色花紋或三角斑紋。殼頂內面有隔板，殼頂常磨損，顏色較淡。

棲所： 河口半淡鹹水的岩石上。

文獻： 巫及吳 1996:156，賴 1990:25，波部及小菅 1991:16，吉良 1989:23，Abbott and Dance1986:56，Springsteen and Leobrera 1986:52。

註：*S. borbonica* (Bory) 應該是本種的同種異名。

中腹足目 (Mesogastropoda)

短濱螺

別名：粗肋玉黍螺

科名：濱螺科（玉黍螺科）Littorinidae

學名：*Littorina brevicula* (Philippi)

特徵：殼長很少超過1公分，殼褐色。體螺層膨大，殼上有粗細不均勻的明顯凸起橫肋。殼口大，殼口內面爲褐色，有和螺肋相對應的黑色橫帶，但外唇緣顏色淡。內唇下端擴張成一平面狀。無臍孔。口蓋角質。

棲所：生活於潮間帶岩石上，常和貽貝科的黑蕎麥蛤（*Vignadula atrata*）生活在一起。標本採於金門浯江口。

文獻：王等 1988:24，波部及伊藤 1991:25，吉良 1989:25。

粗紋玉黍螺

別名：粗糙擬濱螺

科名：玉黍螺科（濱螺科） Littorinidae

學名： *Littorina scabra* (Linne)

特徵：殼高可達2公分。大多為褐色，但顏色變化很大；常有黑褐色斑點及彎曲的縱走帶。殼上具細螺紋。

棲所：生活於河口、紅樹林、港口的高潮區。有群聚的行為，西部海域大甲溪口群體大多躲在石塊下方，密度頗高。

文獻：王等 1988:26，波部 1989:20，波部及小菅 1991:20，賴 1990:48，1987:29， Abbott and Dance 1986:57，Abbott 1994:25。

註：Abbott (1994) 對於粗紋玉黍螺及波紋玉黍螺(*L. undulata*)有許多說明及區分。特別是生殖器官和生殖方式：粗紋玉黍螺雄性交接器有球狀突出，雌性會在鰓中孵育幼體。而波紋玉黍螺的雄性交接器有基部垂(basal flap)，雌性會釋放出小卵囊。在棲息地方面：粗紋玉黍螺多生活在紅樹林區的潮間帶，港口木樁及陰暗縫隙處，數量豐富；而波紋玉黍螺則多生活在礁岩區潮間帶岩縫中。

黃山椒蝸牛

科名：山椒蝸牛科Assimineidae
學名：*Assiminea lutea* Adams
特徵：殼長約0.5公分，顏色為褐色至褐綠色。殼表平滑，有縫合溝，體螺層膨大。外唇薄，內唇平滑，上有一小臍孔。口蓋角質，半圓形。
棲所：動物採於八掌溪紅樹林泥沙地上，數量還頗豐富。體型小，且有很好的保護色。
文獻：巫及吳 1996:157。

古式灘棲螺

科名：海蜷科（匯螺科）Potamididae
學名： *Batillaria cumingi* (Crosse)

特徵：殼長約2公分，殼呈尖錐形，深褐色。螺層約9層，殼頂常磨損，各螺層均勻且緩慢的增加寬度。殼面具低小的螺肋多條，兩肋間呈細溝狀。螺塔上有縱肋，塔上部的縱肋較明顯。殼口內面有褐色色帶，外唇薄。內唇色淡，為灰色，上方略膨大。前溝短。口蓋角質。
棲所：動物生活在潮間帶中高潮區的礫石及泥沙混合區，常和栓海蜷（*Cerithidae cingulata*）生活在一起。
分佈：台灣澎湖內海潮間帶，數量豐富。
文獻：王等 1988:34，波部 1989:26，波部及伊藤 1991:26。

燒酒海蜷

別名：縱帶灘棲螺、尖錐螺
科名：海蜷科（匯螺科）Potamididae
學名：*Batillaria zonalis* (Bruguiere)
特徵：殼長多在3公分左右，黑褐色，結實。縫合線明顯，許多個體縫合線下方有一白色橫帶。每一螺層具有波狀縱肋（由突起結瘤組成），及黑色點線狀橫紋。體螺層下半部橫紋明顯。殼口卵圓形，內有和體螺層相對應的橫斑紋。前、後溝均短小，但後溝較寬。口蓋角質。
棲所：生活於河口、海灣泥灘的高潮區。有群聚現象，以表層的微細藻類及有機物為食。肉可食，俗稱燒酒螺。
文獻：王等 1988:34，賴 1990:51，1986:31，波部 1989:22，Abbott 1994:28，Abbott and Dance 1986:63。

栓海蜷

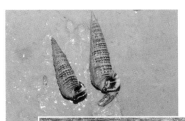

科名：海蜷科（匯螺科）Potamididae
學名：*Cerithidea cingulata* (Gmelin)
特徵：殼長多在2.5公分以下，殼尖常磨損，每一螺層有3列顆粒帶，最上列色淡，體螺層的側面膨大。外唇厚，突然擴大，為灰白色。殼口內面棕色，有2~4條橫褐色帶。口蓋角質，具同心圓。
棲所：生活於河口紅樹林區泥沙地，或海灣高潮線附近泥沙地。
分佈：廣分佈在台灣西海岸，數量多。亦為印度西太平洋地區的常見種。
文獻：賴 1986:31，1990:51，波部及小菅 1991:25，吉良 1989:27，王等 1988:34，Abbott 1994:34。

斑海蜷

別名：彩擬蟹守螺

科名：海蜷科（匯螺科）Potamididae

學名：*Cerithidea ornata* (Adams)

特徵：螺層約11層，殼面膨脹，有發達的縱肋，每一螺層有1~2條褐色色帶。下部2螺層左方各有一條縱脹肋 (體螺層縱肋較不明顯)。縫合線深。口蓋角質，褐色，生長輪明顯。

棲所：動物生活在河口高潮區附近泥灘地上。

分佈：中國南海、日本、菲律賓。台灣大甲溪口南岸。

文獻：王等 1988:34，中華民國貝類學會 1997:18。

福氏乳玉螺

別名：棕色玉螺

科名：玉螺科Naticidae

學名：*Polynices fortunei* (Reeve)

特徵：殼長約3公分，殼寬約2.5公分。殼面光滑。螺塔6層，殼頂處3層很小。體螺層膨大。縫合線明顯，縫合線下方有一條淡色帶。生長線細密。殼口大，外唇薄，殼內面呈棕色。內唇上部薄，臍孔深而明顯。口蓋角質，生長痕呈放射狀生長。動物生活時呈灰粉紅色，口面顏色較淡。

棲所：生活於河口外的泥沙質潮間帶，棲息地和斑玉螺相同。嗜食二枚貝，為貝類養殖的敵害。

文獻：王等 1988:52，但標本1~5螺層較低矮，中華民國貝類學會 1997:25。

小灰玉螺

科名：玉螺科Naticidae

學名：_Natica gualteriana_ Recluz

特徵：殼長多介於1~2公分間，褐綠色。殼基部及臍孔結節白色。臍孔小，幾乎被臍孔結遮蓋。口蓋鈣質，平滑，有一邊緣肋，口蓋下方有棕色斑。螺層小，約佔體長的1/4，體螺層膨大，殼口卵圓形，外唇薄且爲淡棕色，殼口內面黑褐色。

棲所：生活於海灣的潮間帶沙地，退潮時多埋於小水潭的沙地中。大多爲夜行性，白天多躲於沙中，黃昏開始活動，運動速度頗快。爲肉食性貝類，以沙中其它二枚貝及無脊椎動物爲食。生殖時會旋轉身體，將受精卵捲成螺旋狀，頗像個倒蓋的小碗，俗稱「沙碗」。

文獻：賴 1987:25，波部 1989:39，Abbott and Dance 1986:107，Abbott 1994:47，Wilson 1993:216。

註：_N. tesselata_ Philippi，_N. marochiensis_ Quoy & Gaimard 為同種異名 (Wilson 1993)。_N. antonii_ Philippi 亦為同種異名 (Abbott and Dance 1986)。

斑玉螺

別名：豹斑玉螺

科名：玉螺科Naticidae

學名：*Natica tigrina* (Roding)

特徵：殼長多在4公分以下，殼面黃白色，光滑無肋，生長紋細密，密布不規則的暗褐色斑點或縱斑，體螺層及接近殼口處縱斑特別明顯。螺層約6層，螺旋部約佔殼高的1/3。體螺層膨大，殼口卵圓形，寬大，殼內面為白色，但內側常有一大塊棕色斑。外唇薄，最外緣常有和外殼花紋一致的縱走斑。內唇中部有一結節。臍孔的下半部被結節掩蓋。口蓋鈣質，口蓋下方的顏色為棕色，且凹陷，外側邊緣有2條肋紋，靠外的一條密佈細疣。

棲所：海灣或河口的泥質海灘，肉食性，會對貝類養殖造成危害。

文獻：王等 1988:52，賴 1987:25，波部及小菅 1991:35，吉良 1989:40，Abbott and Dance 1986:109。

註：*N. maculosa* Lamarck，*N. pellistigrina* Desgayes是同種異名 (Abbott and Dance 1986)。

蚵岩螺

別名：疣荔枝螺

科名：骨螺科 Muricidae

學名：*Thais clavigera* (Kuster)

特徵：殼長可達3.5公分，殼面多爲黃褐色。縫合線不明顯，每一螺層的中部有一列疣突。體螺層有二列粗壯的疣突。殼表密佈細生長紋。殼口內面淡棕色，部份個體有褐色斑。個體間變異大。成貝殼口緣有細齒及約五個肋狀齒；亞成貝殼口緣薄，無肋狀齒，口緣細齒亦不明顯。內唇光滑。前溝不明顯。口蓋角質。

棲所：在西海岸紅樹林區或牡蠣養殖區相當常見，嗜食雙殼貝，爲牡蠣養殖敵害。牠們利用齒舌和穿孔腺，將二枚貝穿一小孔，從小孔中伸入吻，用齒舌銼食貝肉。(蔡等1997)。

文獻：賴 1990:93，1987:68，王等 1988:84，吉良 1989:57，波部及伊藤 1991:40。

習見織紋螺

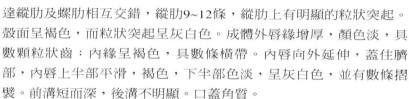

科名：織紋螺科 Nassaridae

學名：*Nassarius dealbatus* (A. Adams)

特徵：殼長多在2公分以下，殼上有發達縱肋及螺肋相互交錯，縱肋9~12條，縱肋上有明顯的粒狀突起。殼面呈褐色，而粒狀突起呈灰白色。成體外唇緣增厚，顏色淡，具數顆粒狀齒；內緣呈褐色，具數條橫帶。內唇向外延伸，蓋住臍部，內唇上半部平滑，褐色，下半部色淡，呈灰白色，並有數條摺襞。前溝短而深，後溝不明顯。口蓋角質。

棲所：動物生活在河口附近沙質潮間帶，棲地和膽形織紋螺及黑肋織紋螺相同，常一起出現，是台灣西部海域河口區常見的螺類，數量頗多。退潮時，常在水灘上爬行，找尋動物屍體。

文獻：王等 1988:100。

黑肋織紋螺

科名：織紋螺科 Nassaridae

學名：*Nassarius melanioides* (Reeve)

特徵：殼長約2公分，黑褐色。背部的體螺層/螺塔＝1公分/0.6公分。體螺層有18~20道縱肋，數條縱肋顏色較淡，螺塔的縱肋也很明顯。殼口長度約佔體螺層1/3。外唇膨大，邊緣呈灰白色，內側有12個細齒。內唇約有10~11個細齒。內、外唇顏色均呈灰白色。殼口內側呈暗褐色，上緣有一淡色橫帶。體螺層與螺塔縫合線有一條白色細帶，相當明顯。無臍孔。口蓋角質。

棲所：生活在內灣中潮間帶的泥沙地上，退潮時常在水灘上爬行。棲息地和膽形織紋螺相同，常一起出現。

文獻：Wilson 1994:88。

註：Wilson (1994) 西澳洲的標本殼長達3.5公分，體螺層的縱肋也較不明顯，Wilson也提及此種曾被認為是*N.olivaceous* 的一型，但因相差甚多，Wilson認為是不同種。吉良 (1989) 所記錄 *Zeuxis olivaceous* 的殼長近4公分，體螺層也比*N. melanioides* 小。我在西台灣所採的*N. melanioides*標本體長多在2公分以下。

膽形織紋螺

別名：蟹螯織紋螺

科名：織紋螺科Nassaridae

學名：_Nassarius pullus_ (L.)

特徵：殼長多在1~1.5公分之
間。螺塔部短小，體螺層膨大。殼面具有明顯的縱肋，縱肋在近殼
口部逐漸變弱或消失。殼口小，前溝短而深。外唇膨大，內緣具數
個小齒。內唇發達，外翻且平貼於體螺層上，上緣有一塊黑褐色斑
塊，下緣內有數個不明顯齒。外唇及內唇為淡黃色，具有光澤。亞
成貝的內、外唇均未外翻。貝殼上的瘤瘤呈規則的縱向及橫向排
列，很容易被誤認為另一種貝類。

棲所：採於海灣潮間帶沙地上。肉食性，常聚集食用死魚及死蟹。

文獻：王等 1988:98，波部 1989:63，波部及小菅 1991:61，Abbott
and Dance 1986:181，Springsteen and Leobrera 1986:156。

註：同種異名有_N. thersites_ Bruguiere；_N. bimaculoosus_ A. Adams (Abbott and Dance 1986)。

後鰓亞綱 (Opisthobranchia)　頭楯目 (Cephalaspidea)

日本捻螺

科名：捻螺科 Acteonidae

學名：*Japonacteon nipponensis* (Yokoyama)

特徵：小型螺，殼長約0.7公分。灰黑色，殼上黑色橫斑明顯，黑色斑帶常呈點狀。體螺層大，螺層7層，縫合線明顯。殼口窄長，向基部延伸，外唇薄；內唇於殼口下方扭轉，略外翻凸出，乳白色。殼口內面花紋和外殼相似，橫斑和體螺層橫斑相應。

棲所：生活於海灣的中潮間區沙地上，和膽形織紋螺，小灰玉螺棲地相同。標本採於大肚溪口南岸伸港海灘。數量不多。退潮時在沙地上爬行，與海沙顏色非常相似，循著爬行痕跡偶可採獲。

文獻：波部忠重 1989:87。

瓣鰓綱 (Lamellibranchia)　翼形亞綱 (Pterimorphia)　蚶目 (Arcoida)

血蚶

別名：泥蚶、粒蚶

科名：魁蛤科（蚶科）Arcidae

學名：*Anadara granosa* (Linnaeus)

特徵：貝殼堅厚，兩殼相等，殼頂明顯凸出，殼長約3公分。韌帶面寬。殼面灰白色，具有褐色殼皮。放射肋粗壯，18條 (殼長3公分)，肋上具明顯的結節。殼內面爲灰白色，殼緣具有和殼表放射肋契合的齒及凹溝。鉸合部平直，約有36個細齒排成一列。

棲所：標本採於八掌溪口，潮間帶泥沙地上。本種亦產於台灣海峽淺海沙底，多產。肉可食用。

分佈：爲印度洋和太平洋廣分佈種。

文獻：王 1988:140，賴 1990:138，Abbott and Dance 1986:293，Abbott 1994:89。

綠殼菜蛤

別名：翡翠貽貝
科名：貽貝科 Mytilidae
學名： *Perna viridis* (Linnaeus)
特徵： 殼長可達11公分，殼面為
暗綠色，腹緣顏色較淡，殼頂位
於貝殼最前端，殼頂顏色常磨掉。殼前半部隆起。生長紋細密。殼
內部銀灰色，有珍殊光澤，殼緣為翠綠色。韌帶細長，達殼長的
1/3，韌帶下方有數十個細孔。前閉殼肌痕小，位於韌帶前下方；後
閉殼肌大，位於韌帶後下方。
棲所： 用足絲附著在低潮線至水深3-4米亞潮帶，大多生活在水流暢
通的岩石上。是一種食用貝類。標本採於東港及台南縣馬沙溝。
文獻： 王等1988:146，巫及吳1996:173，賴1990:139，波部及小菅
1991:130，Abbott 1994:91，Abbott and Dance1986:297。

註：*M. smaragdinus* (Gmelin) 為同種異名 (Abbott and Dance 1986，波部及小菅 1991)。*M. opalus*
Lamarck為同種異名 (波部及小菅 1991)。

黑蕎麥蛤

科名：貽貝科 Mytilidae
學名： *Vignadula atrata* (Lischke)
特徵： 小型貽貝，殼長多小於1公分，
殼前部及中部膨脹。殼表黑紫色，殼頂
常磨損成灰白色。生長線細密且明顯。
殼內面銀藍色，具珍珠光澤。肌痕明顯。鉸合部無齒型。
棲所： 生活於河口潮間帶，以足絲吸附在岩縫或牡蠣殼上，常群聚
在一起。標本採於金門浯江口。
文獻： 王等 1988:152，波部 1977:61，1989:113。

註：*Modiola aterrima* Dall為同種異名 (波部 1977)。

棘刺牡蠣

科名： 牡蠣科Ostridae

學名： *Saccostrea echinata* Quoy & Gaimard

特徵： 殼扁平，圓形或卵圓形。右殼微凸，殼面鱗片癒合，鱗片末端卷曲形成長棘，顏色墨黑，有時表面棘刺磨損，只剩殼緣的棘刺。左殼平坦，常平貼於岩石或防波堤上。殼內面黑、黃、棕三色混雜，或爲天藍色，有光澤。鉸合部兩側有數個至十多個單行小齒。

棲所： 生活於潮間帶岩石上，或防波堤上。

文獻： 王等 1988:170，波部 1977:109，波部及伊藤 1991:126，波部 1989:120，Abbott and Dance 1986:318。

註：*Ostrea spinosa* Deshayes為同種異名 (波部 1977)。*Saccostrea. echinata* Quoy and Gaimard及*O. spinosa* Deshayes 應為*S. kegaki* Torigoe and Imaba的同種異名 (Abbott and Dance 1986)。

長牡蠣

別名： 大牡蠣

科名： 牡蠣科Ostridae

學名： *Ostrea gigas* Thunberg

特徵： 貝殼長型，殼較薄，右殼較平，環生的鱗片呈波紋狀，排列稀疏，殼面有黑褐色放射帶。左殼深陷，固著性，殼頂縮小。殼內面白色，殼頂內面有寬大的韌帶槽，閉殼肌痕大。

棲所： 生活在潮間帶岩石上或其他可供附著的硬物上。爲台灣西部最主要的養殖性牡蠣。

文獻： 王等 1988:172，賴 1990:142，波部 1977:108，波部及伊藤 1991:126，波部及小菅 1991:145，吉良 1989:127-128，Abbott and Dance 1986:318。

註：同種異名有*Ostrea laperousii* Schrenck，*O. talienwhanensis* Crosse (波部 1977)。

台灣歪簾蛤

科名：簾蛤科Veneridae

學名：*Anomalocardia (Cryptonema)*
producta Kuroda and Habe

特徵：殼高/殼長/殼輻＝24mm/32mm/20mm，貝殼外形和歪簾蛤非常相似，貝殼後端突出，但本種體型較大。殼很厚，兩殼殼頂很接近，小月面大。將前端朝向觀察者，貝殼呈心形。韌帶小，略外露但不凸出。楯面寬大，可達腹緣。同心輪脈明顯，放射肋弱，貝殼大多呈灰色，有三條褐色放射斑。腹緣及前、後背緣平滑無齒。

棲所：標本採於台南八掌溪口中潮間區泥沙地上，及澎湖內海潮間帶沙地上。

文獻：波部 1977:249，吉良 1989:147，賴 1990:157，Abbott and Dance 1986:367。

歪簾蛤

科名：簾蛤科Veneridae

學名：*Anomalocardia squamosa* (Linnaeus)

特徵：殼高/殼長/殼輻＝23mm/29mm/20mm，貝殼後端較突出，殼長約3公分，極厚，兩殼殼頂很接近。小月面大，心臟形。楯面寬，可達腹緣。韌帶槽狹小，韌帶略外露。貝殼多呈灰色。同心輪脈細弱。放射肋強，呈顆粒狀突起，使得殼表面呈方格狀或布紋狀。殼內面白色且光滑。兩殼各具主齒三枚，無側齒。殼內面腹緣有齒刻，前、後背緣均有細齒。將背殼前端指向觀察者，貝殼呈心形。

棲所：生活在中潮線礫石和沙混合灘地上，盛產於澎湖內海潮間帶沙地，居民大量採集在市場販售。亦為廣東沿海常見種，菲律賓和日本也有分佈。

文獻：波部 1977:249，王等 1988:208，吉良 1989:147，賴 1990:157，Abbott and Dance 1986:366。

唱片簾蛤

科名：簾蛤科Veneridae

學名：*Circe scripta* (Linnaeus)

特徵：殼高/殼長/殼輻＝
43mm/45mm/19mm，殼輻比一
般二枚貝小，但堅實。輪肋明

顯，沒有放射肋。貝殼為淡棕色，殼上有不規則深咖啡色橫狀斑塊
或不規則缺刻狀線斑(少數標本花紋不規則或缺)。小月面深褐色，
區域小。楯面也呈深褐色，區域小。外韌帶不外露。殼內面白色，
腹緣較平，中央凹陷，常有一褐色斑塊。前、後閉殼肌痕明顯，外
套竇小。

棲所：盛產於澎湖內海中低潮線附近沙地中，居民常大量採集至市
場販售。

同種異名：*C. personata* Deshayes，*Venns stutzeri* Donovan。

文獻：波部 1977:253，西村 1987:173，王等 1988:206，吉良 1989:146，賴
1990:156，Abbott and Dance 1986:354，Springsteen and Leobrera 1986:298。

環文蛤

別名：赤嘴仔、青蛤

科名：簾蛤科 Veneridae

學名： *Cyclina sinensis* (Gmelin)

特徵：殼長/殼高/殼厚=4.1公分/4.0公分/2.4公分。殼極高，貝殼近圓形，殼頂向前彎曲。無小月面，韌帶黃褐色，狹長，不凸出殼面。環生長紋明顯，但殼緣縱生長紋亦很明顯，無突出的環肋或縱肋。殼腹緣具有細齒。前、後閉殼肌發達，外套竇大，且深達殼中部。殼內頂部凹陷，鉸齒部呈隔板狀凸出，左右殼各具主齒三枚。生活時多為黃褐色，但腹緣呈淡紫色。

棲所：生活於海灣的中潮間區泥沙中，常見，和文蛤棲地相同。

文獻：賴 1990:155，王等 1988:206，吉良 1989:141，波部1977:273。

註：*Artemis orientalis* Sowerby，*A. chinensis* Reeve為同種異名 (波部 1977)。

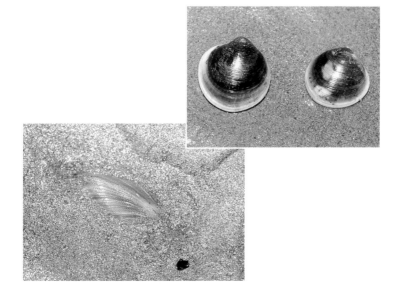

花蛤

科名：簾蛤科 Veneridae

學名： *Gomphina aequilatera* (Sowerby)

特徵：殼長/殼高＝4.0cm/3.0cm，殼較文蛤寬扁。幼貝多為綠色，成貝多為淡棕色，但顏色變化很大。貝殼前緣比後緣鈍，殼頂位於中央。小月面狹長，呈披針形。殼長3公分以上的個體，楯面不明顯。殼的生長線明顯。成貝的殼頂及幼貝常有鋸齒狀或斑點狀花紋。有時具有深色的放射狀色2~4條。兩殼均具主齒3枚。

棲所：棲息地和文蛤、環文蛤相似，均生活在海灣及河口外低潮帶泥沙地中。

文獻：巫及吳 1996:176，波部 1977:268，王等 1988:206，賴 1990:157，Abbott and Dance 1986:364。

註：波部 (1977) 認為*Donax aequilatera* Sowerby＝*D.veneriformis* Lamarck，而*G. veneriformis* 和*Venus semicancellata* Philippi是同種。Abbott and Dance (1986) 及波部 (1977) 認為*G. melanaegis* 亦為同種。所以王等 (1988) 的等邊淺蛤*G. veneriformis* 就是花蛤的同種異名。花蛤和文蛤的差異有：(1)花蛤較寬扁，(2)花蛤的外套竇內陷較深，(3)花蛤的殼長/殼高的比值較大。

文蛤

別名：麗文蛤

科名：簾蛤科Veneridae

學名： *Meretrix lusoria* (Roeding)

特徵：殼寬/殼長＝5.2/4.5，殼表淡褐色，常有2條白色或褐色放射帶，但殼的顏色及斑紋變化非常大。殼內面白色，兩殼各具主齒3枚，右殼具並列的前側齒2枚，左殼具一個大的前側齒。

棲所：生活在海灣及河口外沙岸的潮間帶中潮區以下。爲台灣西部沿岸主要的養殖貝類。殼的花紋變化頗大。

文獻：巫及吳 1996:176，賴 1990:155，王等 1988:194，波部 1977:273，波部及伊藤 1991:137，吉良 1989:140，Abbott and Dance 1986:355，Abbott 1994:102。

註：1.文蛤外殼顏色變異甚大，但有少數特徵較為穩定，例如：楯面顏色通常為深褐色，外韌帶略凸出，外殼一般為淡褐色，部份個體常有二道深褐色放射斑紋。

2. Abbott and Dance (1986)，Abbott (1994)，王等 (1988) 所稱的文蛤*Meretrix meretrix* (Linnaeus)和本種特徵相似，很可能是同一種。但波部(1977)認為*M. meretrix* 產地在台灣以南。

伊隆伯雪蛤

科名：簾蛤科Veneridae

學名：*Placamen isabellina* (Philippi)

特徵：殼高略等於殼長，殼長多在2
公分左右，殼質很厚。兩殼殼頂幾乎相接觸，殼頂略向前彎曲。小
月面呈心形。楯面寬且長。褐色韌帶不突出殼面。殼表面呈淡黃
色，同心生長肋呈薄片狀突出殼面。殼內面白色，後端內緣有一塊
紫色斑塊。左、右殼各具鉸齒三枚。貝殼內緣有細密齒。

棲所：河口外潮間帶泥沙區。標本採於金門浯江口。

文獻：王等 1988:194，Abbott and Dance 1986:367，波部 1977:250，
波部及小菅 1991:160，吉良 1989:147。

註：伊隆伯雪蛤和頭巾雪蛤(*P. tiara*)的差別在於：(1)頭巾雪蛤的同心肋較寬厚，(2)頭巾雪蛤的殼上常
有二條淡紫色放射斑。其他特徵及棲息地幾乎相似。

四角蛤蜊

別名：白蜆子

科名：蛤蜊科，馬珂蛤科Mactridae

學名：*Mactra veneriformis* Reeve

特徵：殼長/殼高＝3.3/2.8公分。貝殼薄，殼
緣鋒利，兩殼極膨脹。頂部白色，有時為淡
紫色，腹緣開口處有一道深褐色殼皮，生長線明顯。外韌帶小，從
外部幾乎看不出來。內韌帶大，黑色，陷於主齒後的韌帶槽中。外
套痕清楚，外套竇不深。殼內面為淡紫色。左殼有1分叉的主齒，右
殼具主齒2枚，兩殼前後側齒發達，嵌合緊密。

棲所：生活於海灣的中潮間帶沙地中。常和文蛤、花蛤、公代，生
活在同一棲地。

文獻：王等 1988:210，吉良 1989:151，波部 1977:178。

註：波部 (1977) 認為*M. bonneaui* Bernardi，*Trigonella quadriangularis ventricosa* Grabau and King及
M.veneriformis zonata Lischke為同種異名。

西施舌

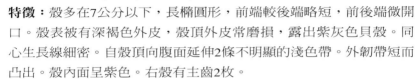

別名：西刀蛤、雙線血蛤、砂施

科名：紫雲蛤科Psammobiidae

學名： *Hiatula diphos* (Linnaeus)

特徵： 殼多在7公分以下，長橢圓形，前端較後端略短，前後端微開口。殼表被有深褐色外皮，殼頂外皮常磨損，露出紫灰色貝殼。同心生長線細密。自殼頂向腹面延伸2條不明顯的淺色帶。外韌帶短而凸出。殼內面呈紫色。右殼有主齒2枚。

棲所： 生活在海灣潮間帶泥沙中，埋於沙中約15公分深。退潮時，在積水的水灘旁可以採得，但因潛在沙中頗深，不易採得。屏東東港地區，漁民大量養殖。

文獻： 王等 1988:214，賴 1990:159，吉良 1989:154，波部1977:223，Abbott and Dance 1986:347。

註：*Solen violaceus* Lamarck，*Soletellina cumingii* Reeve及*S. adamsi* Reeve為同種異名 (波部1977)。

長竹蟶

科名：蟶蛤科Solenidae

學名： *Solen strictus* Gould

特徵： 貝殼細長呈竹筒狀，兩端均有開口，殼質薄脆，殼長約為殼高的6倍，殼前端呈截斷形，後端略圓，殼的背、腹緣平行。殼表面光滑，有黃褐色的殼皮，殼頂的殼皮常剝落，呈灰白色。生長線明險顯，殼內面白色。外韌帶細長，黑褐色。鉸合部小，位於前端開口上緣，各具主齒一枚。

棲所： 動物棲息於台灣西部海域大肚溪口外沙質的中、低潮間區。埋藏於沙中，偶可拾獲空殼。

文獻： 波部 1977:227, 230，波部及伊藤 1991:151，吉良 1989:161，Abbott and Dance 1986:339。

註：*S.gracilis* Gould，*S. corneus* Sowerby，*S. corneus pechiliensis* Grabau and King為同種異名 (波部1977)。

白光竹蟶蛤

科名：竹蟶蛤科 Cultellidae

學名：*Phaxas attenuatus* (Dunker)

特徵：殼長約5公分，前後端均
有開口，殼頂在前端約1/3處，腹
緣中部略向內凹。殼皮橄欖綠
色，前後端呈褐色，殼內面白
色。生長線明顯。韌帶細長。左殼具主齒2個，右殼主齒3個。

棲所：標本採於台灣西部海岸及金門河口沙質海域低潮線附近，偶
可發現空殼，活體數量很少採獲，棲地可能在亞潮帶。

文獻：波部 1977:229，賴景陽 1990:160，Abbott and Dance 1986:339。

註：吉良 1989:162將此種列於Solenidae蟶蛤科。

中國綠螂

科名：綠螂科 Glaucomyidae＝曇蛤科Glauconomidae

學名：*Glaucomya chinensis*（Gray）

特徵：體長很少超過2公分。貝殼長卵圓形。殼頂偏前端，貝殼前端
較鈍圓，後端略瘦，腹緣平直，外韌帶短，殼面有同心生長線，並
包覆有薄的角質層，殼頂部分的角質層常脫落呈灰白色。貝殼內面
白色，兩殼各具主齒3枚，無側齒。

棲所：生活於河口附近或海灣的中潮間帶，多生活在表層泥沙下，
退潮時，貝殼容易半裸露。

文獻：王等 1988:222，波部忠重
1977:277, 280。

海螂目 (Myoida)

截尾脈海螂

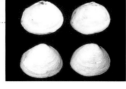

科名：海螂科 Myidae

學名：*Venatomya truncata* (Gould)

特徵：殼長多在2.5公分以下，殼呈灰白色，殼腹緣顏色深，呈鐵繡色。輪脈及放射脈均很細密。後端略呈截形。殼內面中間呈土黃色。左殼鉸齒部呈片狀突出，上面有一個大韌帶槽，棕色韌帶常附著在上面，左殼鉸齒部是本種最大特色。右殼的鉸合部凹陷不明顯，鉸齒不明顯。

棲所：生活於海灣的中潮間區泥沙地中。濾食性，貝殼打開後，組織間有極多細泥沙。和公代、蝦猴、文蛤、赤嘴蛤的棲地相同。

文獻：波部 1977:279，波部 1989:140。

註：*Cryptomya elliptica* Dunker，*Cryptomya tachibanensis* Yokoyama為同種異名 (波部1977)。

異韌帶亞綱 (Anomalodesmacea)　筍螂目 (Pholadomyoida)

薄殼蛤

別名：公代、鴨嘴蛤

科名：鴨嘴蛤科（薄殼蛤科）Laternulidae

學名：*Laternula nanhatensis* Zhuang et Cai

特徵：貝殼多在4~5公分長，前端寬鈍，後端較窄，殼頂在中間略偏向前方，左右殼相等，左右殼頂各有一條裂縫。殼的腹緣有細疣。殼無法完全閉合，外套膜寬大，呈深褐色，生活時圍在殼緣的黑褐色外膜緣非常顯眼。

棲所：生活於河口、海灣的潮間帶泥沙中，潛在沙中約5~10公分處，數量頗多，洞穴出口呈狹長啞鈴形，生存環境常因退潮時水灘水源不穩，或環境不良而大量死亡，留下半埋於沙中的空殼。

文獻：王等 1988:234。

註：巫及吳 (1995)認為公代的學名是*Laternula truncata* (Lamarck)，而藍 (1994)認為是*Laternula anatina* (Linnaeus)，王等(1988)則認為是南海鴨嘴蛤*Laternula nanhaiensis* Zhuang et Cai。王等(1988)對這3種均有詳細描述，我比對特徵後認為台灣產的公代和南海鴨嘴蛤是同種，所以採用這個學名。

腹足綱 (Gastropoda)　肺螺亞綱 (Pulmonata)　柄眼目 (Stylommatophora)

石磺

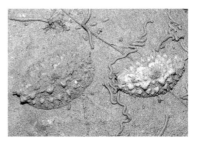

科名： 石磺科Onchidiidae

學名： *Oncidium verruculatum* Cuvier

特徵： 體長多在7公分以下，爲灰綠到墨綠色。體壁上有不規則的瘤狀突起。動物無殼，頭部有觸角，身體呈卵圓形，外觀似海牛。背部具多數的背眼和樹枝狀鰓。

棲所： 動物採於河口高潮區草澤的硬掩蔽物下，貼在硬物下方，數量稀少。石磺大多出現在礁岩海域的高潮區石塊上，主要爲夜行性，退潮時活動。

分佈： 中國南方各省，尤其是在福建以南沿海地區分佈較多。台灣則產於澎湖、墾丁各礁岩海岸。

星蟲動物門 (Sipuncula)

裸體方格星蟲

科名： 方格星蟲科Sipunculidae

學名： *Sipunculus nudus* Linnaeus

特徵： 翻吻部短，上有三角形細疣。大個體體長可達30公分。明顯的橫肌及縱肌將體表分割爲許多小方形。縱肌有28~33縱帶。爲一種食用星蟲，金門地區海產店有販售，也被曬乾製成中藥販售。在台灣則被用來當作釣餌，在釣具店常可購得。大多爲漁民在採集青蟲及紅蟲時無意間採獲。

棲所： 穴居於河口、海灣泥沙底。漲潮時會用翻吻部黏取表層沙地的有機物爲食。

分佈： 大西洋東岸及西北岸、紅海、印度洋、太平洋爲世界種。台灣廣分佈於西部海域、金門。

文獻： Stephen and Edmonds 1972:32

雙齒圍沙蠶

別名：青蟲
科名：沙蠶科Nereididae
學名：_Perinereis aibuhitensis_ Grube
特徵：體長可達20公分，青綠色。
大顎側齒6~7個。所有背剛毛均為等
齒刺狀，腹剛毛為等齒、異齒刺狀和異齒鐮刀形。
棲所：生活在河口區泥地，為優勢種。被大量採捕當作釣餌，釣具
店常有販售，俗稱「青蟲」。成體在10~11月交配，雌蟲及雄蟲在漲
潮時由泥中鑽出，成群在水中游泳，並釋放配子，完成受精，產卵
後的成體隨即死亡。壽命1年。
文獻：楊及孫 1988:45。

岩蟲

別名：紅蟲
科名：磯沙蠶科Eunicidae
學名：_Marphysa cf. sanguinea_ (Montagu)
特徵：大型沙蠶，全身血紅色，體長可達60公分以上。
棲所：生活在河
口、海灣的沙地
中。和雙齒圍沙
蠶同樣用來當作
釣餌，在釣具店
常有販售，但多
為身體後半截，
釣客稱為紅蟲。

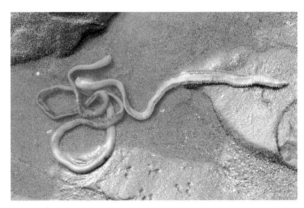

燐蟲

科名：**燐蟲科**Chaetopteridae

學名：*Chaetopterus variopedatus* (Renier)

特徵：燐蟲科爲管棲性，棲息於沙質或泥沙質海底，棲管呈牛皮紙狀或角質狀，末端半透明，蟲管外常粘有細泥。燐蟲能分泌發光蛋白，蟲體具發光能力。

棲所：河口外及潮間帶、潮下帶沙地上。

分佈：台灣廣分佈於西部沙岸及河口區，亦屬於世界性分佈。

文獻：西村 1987:56。

節肢動物門 (Arthropod)

海蟑螂

科名：**海蟑螂科**Ligiidae

學名：*Ligia exotica* (Roux)

特徵：身體扁平，可長到4公分長。一對黑色複眼。無背甲，第1~2胸節與頭癒合。胸甲呈覆瓦狀

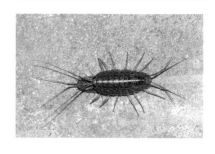

排列，有7片，每一片的兩端呈刺狀，刺尖指向後方。腹甲6片，形狀較小，末端也呈銳刺狀。尾甲一大片，兩側各有一銳刺，末端有5鈍棘。胸甲及腹甲上有細疣。附肢、胸甲、腹甲上有黑色細紋。

棲所：常在海邊高潮線附近活動，不會在海水中活動，但如果遇到危險，也可暫時潛入海水中。活動迅速，礫石區、礁岩區、港口的碼頭、木樁及漁船上常可發現。以岩石上的小型生物和動物屍體及有機物碎屑爲食，是海邊重要的清道夫。

可食螻蛄蝦

別名：蝦猴

科名：螻蛄蝦科Upogebiidae

學名：*Upogebia edulis* Nguyen&Chan

特徵：雄性螯肢較雌性大。有些雄性有一隻螯肢較另一隻大許多。額角呈三角形，超出眼睛甚多，前端鈍，且每側有6-7個圓形齒，額角下緣有2-5個小棘，頭胸甲、前節、指節上有很密的剛毛。

棲所：生活在海灣泥沙地的洞穴中，洞口有一微凸起，中間有一圓形小洞，周圍呈泥質狀。漁民在退潮時用馬達動力，將混濁的海水灌入洞中，蝦猴受不了混濁的泥水，就爬出水面。也有人以圓鍬挖一個水池，在池中踩踏將水弄濁，蝦猴也會爬出水面（俗稱為「攏蝦猴」）。曾有漁民在約3×3平方公尺的面積中捉了2公斤蝦猴，可見數量豐富。生殖季在秋末冬初。

文獻：Nguyen and Chan (1992)。

紅點黎明蟹

科名：饅頭蟹科Calappidae

學名：*Matuta lunaris* (Forskal)

特徵：背甲略呈圓形，下緣微凸，兩側有一尖銳人棘。灰綠色的背甲密佈紫紅色小斑點。5對足亦有紫色斑點。4對步足呈扁平的槳狀，下緣也佈滿絨毛。螯足及2-4對步足上也有少數短棘。

棲所：生活在海灣中、低潮間帶。退潮時在小水潭偶可發現，常潛在沙質水潭中，不易發現。在6-7月最為常見，11月以後較少見。會捕食和尚蟹。

分佈：海南島、福建、台灣、朝鮮、日本、澳洲、印尼、馬來群島、泰國、印度、紅海、馬爾地夫、拉克代夫群島(戴等1986)。台灣西部沙質海岸，高雄縣中芸。

文獻：王及劉 1996:2，戴等 1986:98，武田 1982:109，三宅 1983:24。

豆形拳蟹

科名：玉蟹科Leucosiidae

學名：*Philyra pisum* De Haan

特徵：頭胸甲表面隆起，具顆
粒。螯足粗壯，雄性比雌性
小，長節呈圓柱形，背面基部
及前後緣均有密顆粒。

棲地：棲息於河口及沙岸潮間帶，退潮時多聚在小水灘中。

分佈：廣東沿海至遼東半島、朝鮮、日本、印尼、菲律賓、新加
坡。台灣廣分部於西部沙岸及河口區。

文獻：戴等 1986:80，王及劉 1996:27。

隆脊張口蟹

科名：方蟹科Grapsidae

學名：*Chasmagnathus convexus*
De Haan

特徵：頭胸甲中央隆起，上面
覆有短絨毛，額寬約爲頭胸甲
寬度的1/3，彎向下方，額區中央低，形成一縱溝向後延伸，沿溝兩
側的絨毛較長，前側緣含眼窩外齒共三齒，寬大。雌性螯足左右相
等，雄性螯足比雌性大且左右不等，掌節膨大，外側平滑，內側及
下側有稀疏顆粒體，頂部有一列顆粒體，頂部向內彎。步足具有稀
疏的短剛毛。雌性呈紫紅色，頭胸甲顏色較暗，頭胸甲前緣及側緣
呈鮮紅色。雄性呈灰綠到暗綠色，邊緣呈黃棕色。

棲所：動物採於台中縣溫寮溪口，高潮線附近的田埂水溝中，動物
躲在掩蔽物之下。

分佈：海南島、福建、台灣、浙江、朝鮮、日本。台灣台中縣大甲
溪口，溫寮溪口。

文獻：戴等 1986:502，王及劉 1996:124。

無齒螳臂蟹

別名： 無齒相手蟹

科名： 方蟹科Grapsidae

學名： *Chiromantes dehaani*
(H. Milne Edwards)

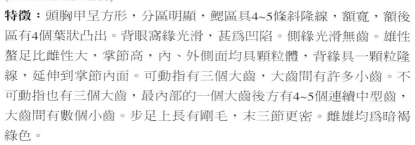

特徵： 頭胸甲呈方形，分區明顯，鰓區具4~5條斜隆線，額寬，額後區有4個葉狀凸出。背眼窩緣光滑，甚爲凹陷。側緣光滑無齒。雄性螯足比雌性大，掌節高，內、外側面均具顆粒體，背緣具一顆粒隆線，延伸到掌節內面。可動指有三個大齒，大齒間有許多小齒。不可動指也有三個大齒，最內部的一個大齒後方有4~5個連續中型齒，大齒間有數個小齒。步足上長有剛毛，末三節更密。雌雄均爲暗褐綠色。

棲所： 動物探於溫寮溪口紅樹林潮間帶及河口草澤和海邊水田溝渠內。爲鼠類肺吸蟲的第二間宿主(戴等1986)。

分佈： 廣東、海南島、福建、浙江、江蘇、朝鮮、日本。台灣台中縣溫寮溪口。

文獻： 王及劉 1996:116，戴等 1986:488。

中華泥毛蟹

科名： 方蟹科Grapsidae

學名： *Clistocoeloma sinensis* Shen

特徵： 頭胸甲，表面不平，有塊狀及顆粒狀隆起。除步足及螯足的指節外，全身有灰黑色軟毛，全身隆起部份及顆粒上散生著許多成簇的短剛毛。額寬大於頭胸甲寬度的1/2，稍彎向下方，額緣幾乎平直。螯足對稱，可動指及不可動指呈橘黃色，掌節背面具一條梳狀櫛約有30~34個細齒，可動指背面具11~13個突起。第3對步足最長。雄性第一腹肢末端幾丁質突起長大。動物呈棕褐色。

棲所： 標本探於大甲溪口高潮區草澤內的掩蔽物下。

分佈： 台灣、浙江。台灣分佈於大甲溪口。

文獻： 戴等 1986:512。

日本絨螯蟹

科名：方蟹科 (Grapsidae)

學名：*Eriochier japonica* De Haan

特徵：前緣具4齒，中間二齒較鈍，前側緣共分4齒，末齒幾乎僅留痕跡或成為小刺，螯足長節呈三稜形，腕節內末角具一棘，掌節有厚絨毛。

棲所：生活於河流中，特別在河口半鹹水區。秋天為繁殖節，大雨之後的夜晚，常成群由淡水向河口遷移。秋冬之際，常有漁民在河口區捕捉。為肺吸蟲之第二寄主，宜煮熟食用。標本採於大甲溪口。

分佈：廣東，台灣，福建，朝鮮東岸，日本。

文獻：戴等1986：476；三宅貞祥 1983：174。

台灣厚蟹

科名：方蟹科Grapsidae

學名：*Helice formosensis* Rathbun

特徵：體呈黃綠色，螯腳顏色較淡。背甲寬可達4公分，近方形，額緣圓鈍，分成兩葉。雄蟹眼窩下緣有14-16個連成一線的顆粒體，由小逐漸變大，到中段最大，至外側段又逐漸變小。雌蟹的眼窩下緣顆粒多而扁，25-30個連接緊密。側緣含眼窩外齒共四齒。螯腳掌部很寬大。

棲所：穴居於河口區草澤邊緣，魚塭土堤及河口的兩岸。

分佈：中國東南沿海、台灣、日本。台灣廣分佈西部海域河口區。

文獻：王及劉 1996:125；三宅 1983:185。

註：本種和伍氏厚蟹*Helice wuana* Rathbun外觀頗為相近，但本種的步足沒有密絨毛，眼窩下緣隆脊數目與外形也和伍氏厚蟹不同 (請參考伍氏厚蟹)。

伍氏厚蟹

科名：方蟹科 Grapsidae

學名：_Helice wuana_ Rathbun

特徵：頭胸甲呈灰綠色，有不規則的黑褐色斑及短剛毛，甲寬一般為2.0~2.4公分。額部稍下彎，額中部內凹。眼窩背緣中部隆起。側緣含眼窩外齒共四齒，第3、4齒界限較不明顯。下眼窩隆脊具11~14個突起，最內一顆狹長且具縱紋，外側的較小。第一、二、三步足的腕節、前節密生絨毛。螯腳掌部很寬大。

棲所：穴居於河口區草澤邊緣，棲地和台灣厚蟹相同。

分佈：台灣、福建、浙江、山東半島、朝鮮、日本。台灣廣分佈西部海域河口區。

文獻：王及劉 1996:127，戴等 1986:505。

註：本種和台灣厚蟹_Helice formosensis_ Rathbun 外觀頗為相近，但本種一般體型較小，頭胸甲邊緣絨毛較多，有黑褐色斑紋，步足也密生絨毛，眼窩下緣隆脊數目與外形也和台灣厚蟹不同(請參考台灣厚蟹)。

絨螯近方蟹

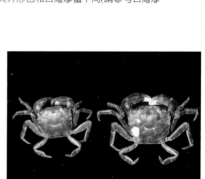

科名：方蟹科 Grapsidae

學名：_Hemigrapsus penicillatus_ (De Haan)

特徵：背甲接近方形，眼窩外的前側緣外齒共3齒。雄蟹螯指咬合處基部有一叢絨毛，但幼蟹及雌蟹均無此絨毛。

棲所：生活於高潮線附近石塊縫隙間，不會築洞而居。活動迅速。

分佈：廣東、台灣、福建、浙江、江蘇、山東半島、渤海灣、遼東灣、朝鮮、日本。台灣廣分佈於西部海域河口區。

文獻：王及劉 1996:112，戴等 1986:478，武田 1982:218，三宅 1983:175。

肉球近方蟹

科名：**方蟹科**Grapsidae

學名：*Hemigrapsus sanguineus* (De Haan)

特徵：背甲接近圓方形，眼窩外的前側緣外齒共3齒。雄蟹在螯指咬合處基部有一肉球，但幼蟹及雌蟹均無此肉球。頭胸甲為黃綠色密佈紫紅色細小斑點，後4對腳的紫色斑成橫斑塊狀。

棲所：生活於河口高潮線附近石塊縫隙間，不會築洞而居。活動迅速。標本採於大甲溪口。

分佈：廣東、福建、台灣、浙江、江蘇、山東半島、渤海灣、遼東半島、朝鮮、日本 (戴等1986)。

文獻：王及劉 1996:111，戴等 1986:478，武田 1982:218，三宅 1983:175。

秀麗長方蟹

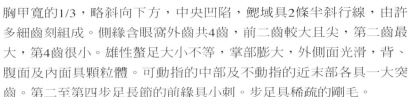

科名：**方蟹科**Grapsidae

學名：*Metaplax elegans* De Man

特徵：棕褐色，頭胸甲表面略隆起，具分散的顆粒及短剛毛，額寬約為頭胸甲寬的1/3，略斜向下方，中央凹陷，鰓域具2條半斜行線，由許多細齒刻組成。側緣含眼窩外齒共4齒，前二齒較大且尖，第二齒最大，第4齒很小。雄性螯足大小不等，掌部膨大，外側面光滑，背、腹面及內面具顆粒體。可動指的中部及不動指的近末部各具一大突齒。第二至第四步足長節的前緣具小刺。步足具稀疏的剛毛。

棲所：動物採於溫寮溪口潮間帶泥地上，穴居。標本採於台中縣溫寮溪口。

分佈：廣東、越南，新加坡、台灣。

文獻：戴等 1986:509，王及劉 1996:128。

雙齒相手蟹

科名：方蟹科 Grapsidae

學名：*Perisesarma bidens* (De Haan)

特徵：背甲方形，前側緣含眼窩外齒
共二齒，呈棘刺狀，第二齒較小。背甲及步足呈褐色，並有不規則
的雜色斑。螯足顏色較淡，螯足可動指有8~10顆粒疣。

棲所：生活在河口區高潮線附近，不會築洞，常躲在石縫中或掩蔽
物下。有時會攀爬到紅樹林的樹幹上。標本採於台中縣大甲溪口及
溫寮溪口。

地理分佈：廣西、廣東、福建、台灣、日本、菲律賓、馬來群島、
安達曼、斯里蘭卡、印度。

文獻：王及劉 1996:119，戴等 1986:491，三宅 1983:182。

三櫛相手蟹

科名：方蟹科 Grapsidae

學名：*Sesarma (Parasesarma) tripectinis* Shen

特徵：頭胸甲近方形，表面隆起且具稀疏的顆粒體，鰓區具4~6條斜
行的隆線，額寬略大於頭胸甲寬度的1/2，彎向下方，額後四葉明顯
凸起，中間二葉較大。外眼窩角尖銳，指向前方，兩側緣無齒，幾
乎平行。雄性掌節背面具3列梳狀櫛，可動指背緣的突起約18~20
個。雄性第一腹肢末端幾丁質突起長而趨尖，指向外方，幾乎成直
角。螯腳膨大，大小一致，可動指及不可動指末端均呈紫紅色。

棲所：生活於河口潮間帶高潮區掩
蔽物之下。標本採於台中縣大甲溪
口及溫寮溪口。

分佈：福建、台灣、浙江。

文獻：戴等 1986:491。

字紋弓蟹

科名：方蟹科 Grapsidae
學名：_Varuna litterata_（Fabricius）
特徵：頭胸甲近圓方形，扁平。
額緣平直且突出，前側緣拱起，
含眼窩外齒共3齒，後側緣各具一斜面。螯足對稱，雄性的大於雌
性。步足最後2節扁平，且前後緣均有絨毛。
棲所：河口域或礁岩海岸高潮區。
分佈：海南島、西沙群島、廣東、台灣、福建、浙江、日本、新加
坡、泰國、印度、馬達加斯加、非洲東岸。台灣屏東縣萬里桐，西
部、北部海域均採獲。
文獻：王及劉 1996:110，戴等 1986:473。

短身大眼蟹

別名：寬身大眼蟹
科名：沙蟹科 Ocypodidae
學名：_Macrophthalmus (Macrophalmus)_
abbreviatus Manning&Holthuis
=_M. (M.) dilatatum_ de Haan
特徵：小型蟹，身體扁平，背甲橫方形，甲寬約為甲長2倍。眼柄細
長，呈淡藍色。前側緣含眼窩外齒，共有三齒，最末齒小。雄性螯
腳比雌性大很多，雄性螯腳掌部外側為藍色，其上有數列與許多散
生的橙紅色鈍棘。背甲暗褐色，雜有細淡棕色斑。
棲所：海灣、河口地區退潮後積水的沙質灘地，在洞穴附近活動。
雄蟹常有打鬥行為。
地理分佈：廣東、台灣、福建、浙江、山東半島、渤海灣、遼東半
島、朝鮮西岸、日本。台灣分佈於台中縣大甲溪口、大肚溪口、溫
寮溪口。
文獻：三宅 1983:246，戴等 1986:429，王及劉 1996:92。

日本大眼蟹

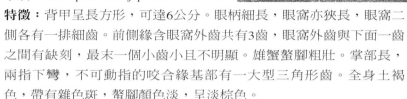

科名：沙蟹科Ocypodidae

學名：*Macrophthalmus japonicus* de Haan

特徵：背甲呈長方形，可達6公分。眼柄細長，眼窩亦狹長，眼窩二側各有一排細齒。前側緣含眼窩外齒共有3齒，眼窩外齒與下面一齒之間有缺刻，最末一個小齒小且不明顯。雄蟹螯腳粗壯。掌部長，兩指下彎，不可動指的咬合緣基部有一大型三角形齒。全身土褐色，帶有雜色斑，螯腳顏色淡，呈淡棕色。

棲所：大多穴居於河口及海灣潮間帶泥灘地。標本採於新竹香山、大甲溪口。

分佈：海南島、台灣、福建、浙江、山東半島、渤海灣、遼東灣、遼東半島、日本、朝鮮西岸、新加坡、澳洲。

文獻：戴等 1986:434，永井及野村 1988:59，王及劉 1996:93。

角眼沙蟹

別名：沙馬仔、鬼蟹、幽靈蟹

科名：沙蟹科Ocypodidae

學名：*Ocypode ceratophthalma* (Pallas)

特徵：頭胸甲略呈方形。雙螯大小不對稱，螯的表面具有許多細齒，大螯腳掌部內側有一發聲隆脊。眼大，灰褐色，眼末端有明顯角狀突起，成熟的雄蟹此突起可達1公分以上。成體的體色為暗褐色。背甲密佈細疣，中央有兩個凹陷且對稱的茶褐色斑點，中下方有兩大塊對稱或相連的暗褐色斑塊(以上特徵是根據雄蟹來描述)。

棲所：大多分布於高潮線沙灘附近，或中潮線的礫石區。大多是夜行性，成蟹會捕捉其它螃蟹為食。

分佈：廣西、廣東、海南島、西沙群島、台灣、福建、日本、夏威夷、南太平洋、澳洲、泰國、印度、紅海、非洲東岸及南岸。台灣廣分佈於西部海域。

文獻：王及劉 1996:69，戴等 1986:419，武田 1982:206，三宅1983:158。

痕掌沙蟹

別名：斯氏沙蟹

科名：沙蟹科 Ocypodidae

學名：*Ocypode stimpsoni* Ortmann

特徵：頭胸甲方形，表面隆起，密佈細顆粒，兩螯大小不等，大螯掌節內側面有一列橫向的發聲隆脊，由較爲均勻的細刻紋組成。幼蟹呈灰褐色，成蟹體色變化多，有鮮紅色，暗紅色，暗褐色。眼大，呈咖啡色。眼窩大而深，內眼窩齒銳且突出，外眼窩角尖銳，指向外上方。眼柄末端無細柄。

棲所：動物生活於河口區，穴居在高潮線附近沙地上，常和雙扇股窗蟹住在同一棲地，但洞口大很多，活動迅速。

分佈：廣東、福建、台灣、山東半島、渤海灣、朝鮮東岸、日本。台灣廣分佈西岸沙岸高潮區。

文獻：王及劉 1996:65，戴等 1986:418。

雙扇股窗蟹

科名：沙蟹科Ocypodidae

學名：*Scopimera bitympana* Shen

特徵：頭胸甲呈梨形，甲面隆起，表面較光滑。步足長節的內外側各有一個卵形「股窗」，螯腳長節內側面有2並列卵形「股窗」。體色為暗灰綠色，螯腳腕節、長節內面呈深褐色。雄性腹部呈長條形，第　腹肢末端圓鈍，具一雞冠狀突出，末緣有一簇光滑的壯刺。螯足可動指及不可動指的末端尖銳，間隙大，僅末端咬合。掌節背部隆起，腹部平整，腹緣有2列密梳狀櫛，中間另一列僅延伸到不可動指略後方。步足有稀疏的剛毛。

棲所：動物生活於河口沙岸高潮線沙灘上，穴居，退潮後活動。以洞口為中心向外挖取沙團送入口中，濾食有機物，進食後的沙團在洞口呈輻射狀排列。

分佈：海南島、台灣、福建、江蘇、山東半島、渤海灣、朝鮮西岸。台灣廣分佈於西海域高潮線沙灘。

文獻：王及劉 1996:86，戴等 1986:45。

遠洋梭子蟹

科名：梭子蟹科 Portunidae

學名：*Portunus pelagicus* (Linnaeus)

特徵：頭胸甲長可達15公分，額分4
齒，中間一對較短小，成體的較尖
銳，幼體的較圓鈍。整個體表有花
白的斑紋。前側緣具9齒，最末一齒
比前面各齒大很多，向兩側水平伸出。

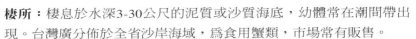

棲所：棲息於水深3-30公尺的泥質或沙質海底，幼體常在潮間帶出
現。台灣廣分佈於全省沙岸海域，為食用蟹類，市場常有販售。

分佈：廣西、廣東、福建、台灣、浙江、日本、大溪地、菲律賓、
澳洲、泰國、馬來群島、東非。

文獻：戴等1986:193，王及劉1996:32，永井及野村1988:66。

紅星梭子蟹

科名：梭子蟹科 Portunidae

學名：*Portunus sanguinolentus*
(Herbst)

特徵：頭胸甲後部具三個卵圓
形紅色斑點，斑點的周圍為乳
白色。頭胸甲可達15公分。前側緣具9齒，末齒很大，向兩側水平突
出。全身為黃綠或墨綠色，螯足可動指基部常有鮮紅或褐色斑。

棲所：台灣東北角、西部海域到南部的東港均有廣泛的分佈，標本
採於20-60公尺深的沙質及泥質海底，幼蟹偶在潮間帶出現。台灣廣
分佈於全省沙岸，為食用蟹類，市場常有大量販售。

分佈：廣西、廣東、台灣、福建、日本、夏威夷、菲律賓、澳洲、
紐西蘭、馬來群島、印度洋至南非沿海的整個印度太平洋暖水區(戴
等 1986)。台灣廣分佈於全省沙岸。

文獻：戴等 1986:194，王及劉 1996:31，永井及野村 1988:67。

鋸緣青蟳

別名：蟳仔、紅蟳
科名：梭子蟹科Portunidae
學名：*Scylla serrata* (Forskal)
特徵：頭胸甲呈暗綠色。額寬，具四齒。前側緣含眼窩外齒共9齒，最末齒與其餘齒等大，並不特別突出。雄性第一腹肢粗壯，末端趨尖，外側面具有許多細小的刺。胃區、心區間有明顯的H形凹痕。
棲所：生活在河口及沿岸潮間帶，漲潮時活動，以兩隻大螯捕食獵物，退潮時中小型個體常躲在掩蔽物下休息。
分佈：廣西、廣東、台灣、福建、浙江。日本、菲律賓、夏威夷、澳洲到東非、南非。廣分佈於整個印度西太平洋地區。台灣分佈於西部海岸河口區及澎湖內海潮間帶。
文獻：戴等 1986:190，永井及野村 1988:24，王及劉 1996:30。

清白招潮蟹

科名：沙蟹科Ocypodidae
學名：*Uca lactea* (De Haan)
特徵：背甲略呈長方形，眼窩外齒三角形。雄蟹大螯掌部外側面光滑，兩指扁，咬合緣具細鋸齒，中間常各有一突出且對立的較大齒。背甲為白、黃白、或具黑色或灰色斑紋。大螯通常為白色。
棲所：生活在河口、海灣或紅樹林區，退潮時較乾燥的沙地及泥地。只在洞口附近活動，稍有干擾則立刻躲入洞中。因數量豐富，常佔滿整片海灘，遠遠望去，海灘盡是白色小點，相當壯觀。廣分佈於西部海域沙岸，為潮間帶最常見的一種招潮蟹。
分佈：海南島、台灣、福建、朝鮮、日本、薩摩亞群島、新幾內亞、印度尼西亞、馬來群島、印度。台灣廣分佈於西部海域沙岸。
文獻：王及劉 1996:79，戴等 1986:425，武田 1982:209，三宅 1983:162。

弧邊招潮蟹

科名：沙蟹科 Ocypodidae

學名：*Uca arcuata* (De Haan)

特徵：大型招潮蟹，背甲寬度可達5公分。雄蟹大螯腳掌節外側布滿粗糙的顆粒體。背甲面有網狀紋路，但有些個體背甲面前段及兩側呈淡黃色。眼柄細長，略呈淡黃色。體側常呈橘紅色、淡黃色。

棲所：多生活在河口紅樹林區靠水邊的泥灘帶，洞口上方有的築有煙囪狀泥管，但有些不築。

地理分佈：廣東、台灣、福建、浙江、山東半島、朝鮮西岸、日本、澳洲、新幾內亞、新加坡、加里曼丹島、菲律賓。台灣廣分佈於西岸各河口區。

文獻：王及劉 1996:71，戴等 1986:420，武田 1982:207，三宅 1983:161。

北方凹指招潮蟹

科名：沙蟹科 Ocypodidae

學名：*Uca (Thalassuca) vocans borealis* Crane

特徵：大型招潮蟹，背甲寬可達4~5公分。眼柄細長，略成灰白色。雄蟹大螯腳掌節外側布滿粗糙的顆粒體。背甲一般灰色，但變化頗大，後緣顏色常較淡。

棲所：河口及沙岸潮間帶，成熟雄蟹會集結成小群，遠離洞穴覓食。

分佈：廣西、廣東、海南島、福建、台灣。台灣分佈於西部沙岸。

文獻：戴等 1986:424，施 1994:86，王及劉 1996:75。

短指和尚蟹

科名：和尚蟹科Mictyridae

學名：*Mictyris brevidactylus* Stimpson

特徵：背甲呈圓球形，藍色。眼睛短小，末端有1剛毛。雙螯細長，彎曲如匙。步足細長，受刺激時，常捲縮於背甲兩側。

棲所：生活於河口及海灣潮間帶泥沙地。退潮後，成體集體外出覓食，外出個體多為雄性。風大時，不外出覓食，而在地表下進行隧道式覓食。未成熟的小個體及雌蟹多進行隧道式覓食。受驚嚇時，斜立身體，以步足旋轉挖沙，迅速躲於沙中。痕掌沙蟹(*Ocypode stimpsoni* Ortmann)有捕食海和尚紀錄。

分佈：台灣、日本。台灣分佈於北部及西部沙岸及河口。

文獻：王及劉 1996:96，武田 1982:213，三宅 1983:158。

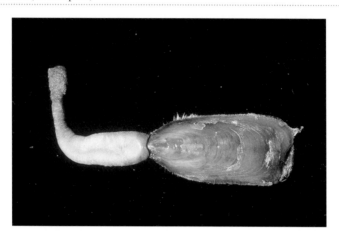

亞氏海豆牙

科名：海豆牙科ingulidae

學名： *Lingula adamsi* Dall

棲所及特徵： 殼長5公分，殼緣有絨毛，殼呈棕色。具一革質柄。動物採於嘉義八掌溪口潮間帶沙地中，數量稀少，僅採獲一標本。

分佈： 山東半島，浙江，福建，廣東，廣西，海南島0-5公尺、日本南部。台灣分佈於八掌溪口。

文獻： 西村 1987:49。

同種異名： *Lingula shantungensis* Hatai （黃 1994:626）。

馬氏海錢

科名：齒星科Dendrasteridae

學名：*Sinaechinocyamus mai*（Wang）

特徵：小型種海膽，成體直徑很少超過1公分。輪廓近似風箏的菱形。活體呈灰綠色，體表覆滿絨毛狀的短刺，空殼呈灰白色。肛門位於反口面近體盤邊緣處。口位於腹面中央，反口面中央爲篩板及4個生殖孔。骨板癒合，殼很結實，步帶板上的管足孔2個一組，共9~11組。大疣均勻散生在骨板上，每個大疣周圍有環溝。大疣之間有一些小疣，小疣周圍無環溝。大疣之間有許多玻璃狀的透明疣包圍大疣及小疣。

棲所：爲台灣特有種，分佈於西海岸從新竹至曾文溪口的沙質海岸。棲息於潮間帶低潮線附近至淺海的沙地，以有機顆粒爲食，平時皆潛伏在沙中活動，有很好的保護色，不易發現。體內會蓄積沙粒，以增加身體的密度並保持在海底的穩定性。生殖季在10~11月，幼蟲發育9日即可變態(李及陳 1994)。

分佈：台灣苗栗通霄海域。

文獻：李及陳 1994:64。

註：本種和中國大陸南海和黃海所產的中華扣海膽*Sinaechinocyamus planus* Liao很可能是同種異名。

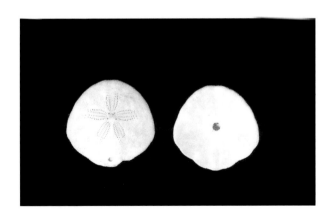

扁平蛛網海膽

科名：蛛網海錢科
Arachnoididae
學名：*Arachnoides placenta*
(Linnaeus)

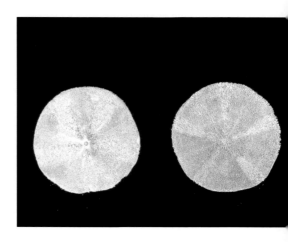

特徵：體盤徑可達7公分，殼扁薄，略呈圓形。步帶區寬：間步帶區窄，寬度約為步帶區的1/3。步帶的瓣狀區約佔體盤半徑的1/2，瓣的末端張開。反口面步帶的無孔部稍隆起，間步帶區略凹下。頂系微微隆起，生殖孔4個。圍口部在口面的中央，形小，略凹陷。5條輻射溝由圍口部伸出到達邊緣，並翻過殼緣，到達頂系。輻射溝的兩側有許多整齊斜行的大疣及小疣。圍肛部位於反口面的後緣，由肛門到殼緣有一個短凹槽，並且在殼緣構成一個小缺刻，作為排泄溝道。大棘細短呈絨毛狀。

棲所：生活時為灰褐色或灰色，生活在潮間帶至淺海的沙地中。夏天在低潮線附近生活，冬天則移向深水區(張及吳1957)。以沙底的有機碎屑為食，能迅速潛入沙中。生殖季在9~10月，生殖時會由生殖孔伸出軟管狀的生殖乳突，穿過沙層將配子排放在水中，幼蟲7日就可產生變態，下沉到沙地上(黃及陳 1989)。廣分布於印度-西太平洋地區，台灣西海岸的台西、麥寮、彰化、梧棲及新竹頂寮、香山均有紀錄，以前數量頗多，目前已大為減少(李及陳 1994)。大陸廣東沿海，將牠曬乾加工，製成肥料，稱為海膽粉，用來種稻，種地瓜、甘蔗，效果很好。每3公斤海膽粉的功效和2公斤豆餅相同(張及吳 1957)。

文獻：李及陳 1994:62, 張及吳 1957:46。

參考文獻

中、日文（按年代編排）

■張鳳瀛，吳寶鈴（1957）廣東的海膽類。科學出版社，北京，76頁。

■波部忠重（1977）日本產軟體動物分類學：二枚貝綱及掘足綱。北隆館，東京，372頁。

■武田正倫（1982）原色甲殼類檢索圖鑑。北隆館，東京，284頁。

■三宅貞祥（1983）原色日本大型甲殼類圖鑑（II）。保育社，大阪，277頁。

■賴景陽（1986）台灣的海螺（I）。台灣省立博物館，台北，49頁。

■戴愛雲，楊思諒，宋玉枝，陳國孝（1986）中國海洋蟹類。海洋出版社，北京。642頁。

■賴景陽（1987）台灣的海螺（II）。台灣省立博物館，台北，116頁。

■西村三郎（1987）海岸動物。保育社，大阪207頁。

■王如才，張群東，曲學存，蔡英亞，張綬溶（1988）中國水生貝類原色圖鑒（王如才主編)。浙江科學技術出版社。255頁。

■中華民國貝類學會（1988）貝友12期，48頁。

■永井及野村（1988）沖繩海中生物圖鑑：甲殼類。新星圖書，日本沖繩縣，250頁。

■楊德漸，孫瑞平（1988）中國近海多毛環節動物。農業出版社，北京，352頁。

■吉良哲明（1989）原色日本貝類圖鑑。保育社，大阪，240頁。

■波部忠重（1989）原色日本貝類圖鑑。保育社，東京，182頁。

■黃淑芬，陳章波（1989）海錢的一生及其飼育方法。生物科學32(2):29~39。

■賴景陽（1990）貝類。渡假出版社有限公司，台北，200頁。

■波部忠重，伊藤潔（1991）原色世界貝類圖鑑（I）。保育社，大阪，176頁。

■波部忠重，小菅貞男（1991）原色世界貝類圖鑑（II)。保育社，大阪，193頁。

■陳育賢（1992）東北角海濱生物。交通部觀光局東北角海岸風景特定區管理處，台北縣，240頁。

■李坤瑄，陳章波（1994）台灣常見的棘皮動物。國立海洋生物博物館出版，高雄，91頁。

■中華民國貝類學會（1994）台灣軟體動物特刊。台北，117頁。

■黃宗國主編（1994)中國海洋生物種類與分佈。海洋出版社，北京，764頁。

■施習德（1994）招潮蟹。國立海洋生物博物館籌備處，高雄，190頁。

■巫文隆，吳錫圭（1995）台灣紅樹林濕地軟體動物相及其分佈。紅樹林生態系研討會論文集。台灣省特有生物研究保育中心出版，南投，155~178頁。

■薛美莉（1995）消失中的濕地森林——記台灣的紅樹林。台灣省特有生物研究保育中心，台灣南投，116頁。

■王嘉祥，劉烘昌（1996）台灣海邊常見的螃蟹。台灣省立博物館，台北，136頁。

■邱志郁（1996）植物王國裏的「大內高手」紅樹林和沼澤環境的依存關係。大自然，52期。

■黃榮富，游祥平（1997）台灣產梭子蟹類彩色圖鑑。國立海洋生物博物館籌備處，高雄，181頁。

■蔡英亞，張英，魏若飛（1997）軟體動物貝類學概論。水產出版社，台灣基隆，631頁。

■中華民國貝類學會（1997）貝友23期，46頁。

參考文獻

西文

■Abbott RT, Dance SP（1986）Compendium of seashells. American Malacologists, Inc. Florida, 411 pp.

■Abbott RT（1994）Seashells of South East Asia. Graham Brash, Singapore, 145 pp.

■Nguyen N-H, Chan T-Y（1992）Upogebia edulis, new species, a mud-shrimp（Crustacea: Thalassinidea: Upogebiidae）from Taiwan and Vietnam, with a note on polymorphism in the male first periopod. Raffles Bull. Zool. 40(1):33-43.

■Springsteen FJ, Leobrera FM（1986）Shells of the Philippines. Carfel Seashell Museum, Manila, Plilippines, 377 pp.

■Stephen AC, Edmonds SJ（1972）The phyla Sipunclua and Echiura. The British Museum（Natural History）, London, 528 pp.

■Wilson B（1993）Australian marine shells, Vol 1. Odyssey Publ., Australia 408 pp.

■Wilson B（1994）Australian marine shells, Vol 2. Odyssey Publ., Australia 370 pp.

中文名索引

學名索引

國家圖書館出版品預行編目資料

台灣海岸溼地觀察事典／趙世民・蘇焉著.－－
初版.－－臺中市：晨星，2005〔民94〕
面；　公分.－－(生態館；22)
參考書目：面
含索引

ISBN 957-455-859-2(平裝)
1.生物-海洋-台灣　2.無脊椎動物

366.891　　　　　　　　　　　　　　94007357

 生態館 22

台灣海岸溼地觀察事典

作　　者	趙世民・蘇焉
繪　　圖	柳惠芬
文字編輯	曾一鋒・楊嘉殷
內頁設計	劉亭麟
封面設計	王志峰

發行人	陳銘民
發行所	晨星出版有限公司
	台中市407工業區30路1號
	TEL:(04)23595820　FAX:(04)23597123
	E-mail:service@morningstar.com.tw
	http://www.morningstar.com.tw
	行政院新聞局局版台業字第2500號
法律顧問	甘龍強 律師
印製	知文企業（股）公司　TEL:(04)23581803
初版	西元2005年06月30日

總經銷	知己圖書股份有限公司
	郵政劃撥：15060393
	〈台北公司〉台北市106羅斯福路二段79號4F之9
	TEL:(02)23672044　FAX:(02)23635741
	〈台中公司〉台中市407工業區30路1號
	TEL:(04)23595819　FAX:(04)23597123

定價 290 元
（缺頁或破損的書，請寄回更換）
ISBN-957-455-859-2
Published by Morning Star Publishing Inc.
Printed in Taiwan

廣告回函
台灣中區郵政管理局
登記證第267號
免貼郵票

407
台中市工業區30路1號

晨星出版有限公司

------------請沿虛線摺下裝訂，謝謝！------------

更方便的購書方式：

(1) **信用卡訂閱**　填妥「信用卡訂購單」，傳真至本公司。
　　　　　　　　或　填妥「信用卡訂購單」，郵寄至本公司。

(2) **郵政劃撥**　帳戶：知己圖書股份有限公司　帳號：15060393
　　　　　　　在通信欄中填明叢書編號、書名、定價及總金額
　　　　　　　即可。

(3) **通　　信**　填妥訂購人資料，連同支票寄回。

◉如需更詳細的書目，可來電或來函索取。
◉購買單本以上9折優待，5本以上85折優待，10本以上8折優待。
◉訂購3本以下如需掛號請另付掛號費30元。
◉服務專線：(04)23595819-231　FAX：(04)23597123
　E-mail:itmt@morningstar.com.tw

◆讀者回函卡◆

讀者資料：

姓名：＿＿＿＿＿＿＿　　性別：□ 男　□ 女

生日：　　／　　／　　　　身分證字號：＿＿＿＿＿＿＿＿＿

地址：□□□＿＿＿＿＿＿＿＿＿＿＿＿＿＿＿＿＿＿＿＿

聯絡電話：　　　　　　（公司）　　　　　　　（家中）

E-mail＿＿＿＿＿＿＿＿＿＿＿＿＿＿＿＿＿＿＿＿＿＿＿

職業：□ 學生　　　□ 教師　　　□ 內勤職員　□ 家庭主婦
　　　□ SOHO族　□ 企業主管　□ 服務業　　□ 製造業
　　　□ 醫藥護理　□ 軍警　　　□ 資訊業　　□ 銷售業務
　　　□ 其他＿＿＿＿＿＿＿＿＿＿＿

購買書名：台灣海岸溼地觀察事典

您從哪裡得知本書： □ 書店　　□ 報紙廣告　□ 雜誌廣告　□ 親友介紹
□ 海報　　□ 廣播　　□ 其他：＿＿＿＿＿＿＿＿＿＿

您對本書評價：（請填代號 1. 非常滿意　2. 滿意　3. 尚可　4. 再改進）

封面設計＿＿＿＿＿版面編排＿＿＿＿＿內容＿＿＿＿文／譯筆＿＿＿＿

您的閱讀嗜好：

□ 哲學　　□ 心理學　□ 宗教　　□ 自然生態 □ 流行趨勢 □ 醫療保健
□ 財經企管 □ 史地　　□ 傳記　　□ 文學　　 □ 散文　　 □ 原住民
□ 小說　　□ 親子叢書 □ 休閒旅遊 □ 其他＿＿＿＿＿＿＿＿＿

信用卡訂購單（要購書的讀者請填以下資料）

書　　　　名	數　量	金　額	書　　　　名	數　量	金　額

□VISA　　□JCB　　□萬事達卡　　□運通卡　　□聯合信用卡

・卡號：＿＿＿＿＿＿＿＿　・信用卡有效期限：＿＿＿年＿＿＿月

・訂購總金額：＿＿＿＿＿元　・身分證字號：＿＿＿＿＿＿＿＿

・持卡人簽名：＿＿＿＿＿＿＿＿（與信用卡簽名同）

・訂購日期：＿＿＿年＿＿＿月＿＿＿日

填妥本單請直接郵寄回本社或傳真(04)23597123